新型职业农民培育系列教材

设施蔬菜生产经营管理

杨树新　曾维宾　吕雅楠　主编

中国农业科学技术出版社

图书在版编目（CIP）数据

设施蔬菜生产经营管理／杨树新，曾维宾，吕雅楠主编．—北京：中国农业科学技术出版社，2015.5

ISBN 978－7－5116－2095－8

Ⅰ.①设…　Ⅱ.①杨…②曾…③吕…　Ⅲ.①蔬菜园艺－设施农业　Ⅳ.①S626

中国版本图书馆 CIP 数据核字（2015）第 101978 号

责任编辑　白姗姗
责任校对　贾海霞

出 版 者　中国农业科学技术出版社
北京市中关村南大街 12 号　邮编：100081
电　　话　(010)82106638(编辑室)　(010)82109702(发行部)
(010)82109709(读者服务部)
传　　真　(010)82106650
网　　址　http://www.castp.cn
经 销 者　各地新华书店
印 刷 者　北京富泰印刷有限责任公司
开　　本　850mm×1 168mm　1/32
印　　张　8.5
字　　数　206 千字
版　　次　2015 年 5 月第 1 版　2015 年 5 月第 1 次印刷
定　　价　26.00 元

《设施蔬菜生产经营管理》编委会

目　　录

第一章　蔬菜设施栽培及应用

设施农业是指具有相应设施，能在局部范围改善环境因素，为动植物生长发育提供良好的环境条件，从而进行高效生产的现代农业。

设施农业包括两大类：设施栽培和设施养殖。设施栽培——主要是植物的设施栽培，其中蔬菜设施栽培面积约占设施栽培总面积的 96%。设施养殖——主要是畜禽、水产品和特种动物的设施养殖等。

第一节　蔬菜栽培设施的类型和建造

目前，我国的蔬菜栽培设施主要包括塑料拱棚、日光温室等。

一、塑料拱棚

塑料拱棚主要指拱圆形或半拱圆形的塑料薄膜覆盖棚，简称为塑料拱棚。按棚的高度和跨度不同，一般分为塑料小拱棚（简称塑料小棚）、塑料中拱棚（简称塑料中棚）和塑料大拱棚（简称塑料大棚）3 种类型。

（一）塑料小拱棚

塑料小拱棚用细竹竿、竹片等弯曲成拱，一般棚高低于 1.5 米，跨度 3 米以下，棚内有立柱或无立柱。

1. 塑料小拱棚的类型

依结构不同，一般将塑料小拱棚划分为拱圆棚、半拱圆棚、风障棚和双斜面棚 4 种类型（图 1－1）。其中，以拱圆棚应用最为普遍，双斜面棚应用相对比较少。

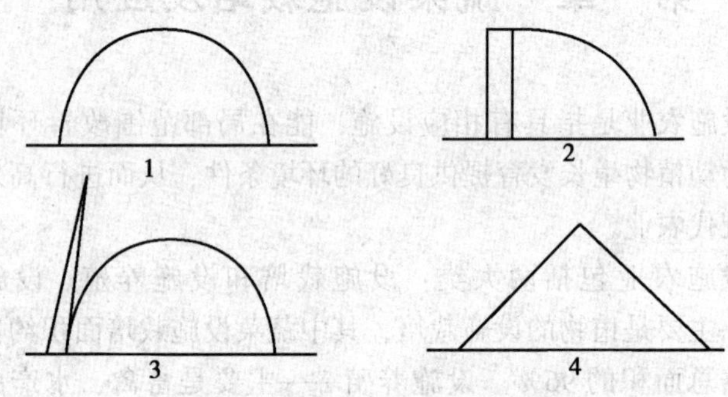

图 1－1　塑料小拱棚的主要类型

1. 拱圆棚；2. 半拱圆棚；3. 风障棚；4. 双斜面棚

2. 塑料小拱棚的生产应用

塑料小拱棚的空间低矮，不适合栽培高架蔬菜，生产上主要用于蔬菜育苗、矮生蔬菜保护栽培以及高架蔬菜低温期保护定植等。

（二）塑料中拱棚

塑料中拱棚是指棚顶高度 1.5～1.8 米，跨度 3～6 米的中型塑料拱棚。塑料中拱棚的棚体大小和结构的复杂程度以及环境特点等均介于塑料小拱棚和大拱棚之间，可参考塑料大、小拱棚。

塑料中拱棚易于建造，建棚费用比较低，但栽培空间较小，不利于实行机械化生产，应用规模不大。目前，塑料中拱棚主要用于温室和塑料大拱棚欠发达地区，进行临时性、低成本的蔬菜保护地栽培。

（三）塑料大拱棚

简称塑料大棚，是棚体顶高1.8米以上，跨度6米以上的大型塑料拱棚的总称。

塑料大拱棚主要由压杆、棚膜、拱架、立柱和拉杆5部分组成（图1－2）。

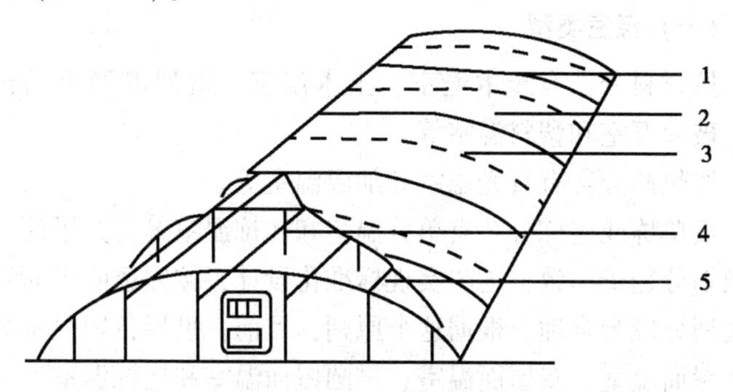

图1－2　塑料大拱棚的基本结构

1. 压杆；2. 棚膜；3. 拱架；4. 立柱；5. 拉杆

塑料大拱棚的棚体高大，不便于从外部覆盖草苫保温，保温能力比较差，北方地区较少用来育苗，主要用来栽培果菜类以及其他一些效益较好的蔬菜。栽培茬口主要有春季早熟栽培、秋季延迟栽培和春到秋高产栽培3种。

二、温室

温室是比较完善的栽培设施。利用这种设施可以人为地创造、控制适合作物生长发育的环境条件，而在寒冷的季节进行作物生产。

我国温室生产的历史悠久，但近几年才大面积发展，尤其是20世纪80年代以来，随着改革开放和农村产业结构的调整，以塑料薄膜日光温室为主的温室生产得到了迅猛发展。此外，我国还引进了国外的大型现代化温室，并在消化吸收的基础上，初步研究开发出我国自行设计制造的大型温室。

目前温室生产已逐步使用仪器、仪表、电子设备，控制调节温室的光、热、水、气、肥等单项条件或综合的环境条件，以达到早熟、增产、无公害生产的目的。温室的发展将随着社会经济、科学技术和旅游事业发展的影响而相应的发展。

（一）温室类型

按材料分：有砖木温室、土木温室、钢架混凝土结构温室、玻璃温室和塑料温室等。

按热源分：有日光温室和加温温室等。

按单栋或连栋分：有单栋温室和连栋温室等。为了使温室类型划分趋于一致，逐步实现标准化设计，按照透明屋面结构形式划分较为合理。根据这个原则，目前，世界各国温室类型有单屋面温室、双屋面温室、拱圆屋面温室和连栋温室。

（二）温室的基本结构

温室主要由墙体、后屋面、前屋面、立柱以及保温覆盖物等几部分构成。

1. 墙体

分为后墙和东、西侧墙，主要由土、草泥以及砖石等建成，一些玻璃温室以及硬质塑料板材温室为玻璃墙或塑料板墙。泥、土墙通常做成上窄下宽的“梯形墙”，一般基部宽1.2~1.5米，顶宽1.0~1.2米。砖石墙一般建成“夹心墙”或“空心墙”，宽度0.8米左右，内填充蛭石、珍珠岩、炉渣等保温材料。

后墙高度1.5~3.0米。侧墙前高1米左右，脊高2.5~3.8米。

2. 后屋面

普通温室的后屋面主要由粗木、秸秆、草泥以及防潮薄膜等组成。秸秆为主要的保温材料，一般厚 20 ~ 40 厘米。砖石结构温室的后屋面多由钢筋水泥预制柱或钢架、泡沫板、水泥板和保温材料等构成。后屋面的主要作用是保温以及放置草苫等。

3. 前屋面

由屋架和透明覆盖物组成。

（1）屋架。主要作用是前屋面造型以及支持薄膜和草苫等。分为半拱圆形和斜面形两种基本形状。竹竿、钢管及硬质塑料管、圆钢等建材，多加工成半拱圆形屋架，角钢、槽钢等建材则多加工成斜面形屋架。

按结构形式不同，一般将屋架分为普通式和琴弦式两种。

（2）透明覆盖物。主要作用是白天使温室增温，夜间起保温作用，使用材料主要有薄膜、玻璃和聚酯板材等。

塑料薄膜成本低，易于覆盖，并且薄膜的种类较多，选择余地也较大等，是目前主要的透明覆盖材料，所用薄膜主要为深蓝色聚氯乙烯无滴防尘长寿膜和聚乙烯多功能复合膜。

4. 立柱

普通温室内一般有 3 ~ 4 排立柱。按立柱所在温室中的位置，分别称为后柱、中柱和前柱。后柱的主要作用是支持后屋面，中柱和前柱主要支持和固定拱架。立柱主要为水泥预制柱，横截面规格为（10 厘米 × 10 厘米）~（15 厘米 × 15 厘米）。一般埋深 40 ~ 50 厘米。后排立柱距离后墙 0.9 ~ 1.5 米。向北倾斜 5° 左右埋入土里，其他立柱则多垂直埋入土里。钢架结构温室以及管材结构温室内一般不设立柱。

5. 保温覆盖物

主要作用是在低温期保持温室内的温度。主要有草苫、纸被、无纺布、宽幅薄膜以及保温被等。

三、主要温室介绍

(一) 潍坊改良型日光温室

温室内宽8~10米，长60~80米。墙体底宽1.5米左右，顶宽1米以上，后墙高度2.5~3.0米，两山墙最大高度3.5~3.8米。后屋面内宽1.5米左右，与地面夹角40°以上，屋面厚度30厘米左右。前屋面屋架采用琴弦式结构：用粗竹竿作主拱，间距3.6米；在主拱上东西向纵拉钢丝，钢丝间距25~30厘米；在钢丝上按60厘米间距固定细竹竿作副拱。温室内南北有4排立柱，立柱东西间距3.6米，南北间距3米左右（图1-3)。

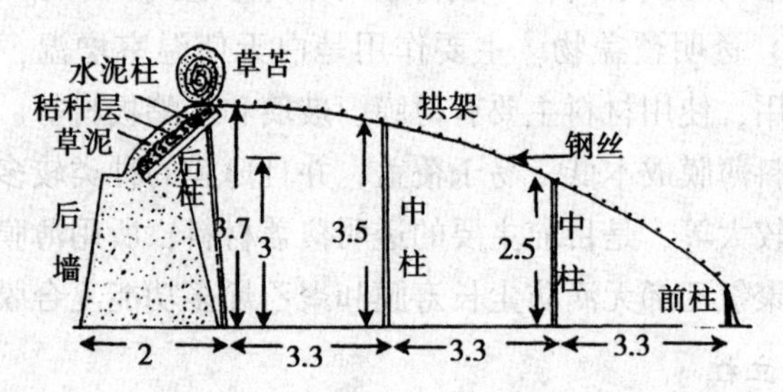

图1-3 潍坊改良型日光温室参考结构（单位：米）

(二) 北京改良型日光温室

温室内宽6~7米，土墙或草泥墙，墙体宽1米以上，后墙高2.0~2.3米，两山墙的最大高度为3米左右。后屋面内宽1.7米左右，厚度40厘米左右。温室内有3排立柱，立柱东西间距3米。在每排立柱顶端的“V”形槽内，东西向拉一道双股钢丝或双股8号铁丝，在钢丝上南北向固定竹竿，竹竿间距40~50厘米。参考结构见图1-4。

(三) 鞍Ⅱ型改良日光温室

该温室属钢拱结构。钢架用钢管、圆钢等焊接而成，间距

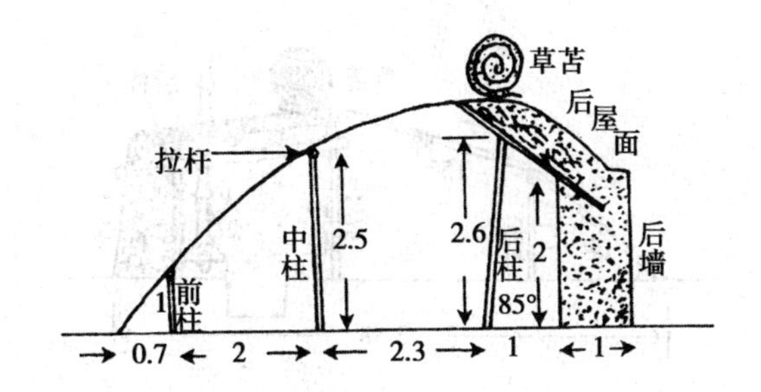

图1－4　北京改良型日光温室参考结构（单位：米）

80厘米。后屋面投影长1.2米，由草苫、旧薄膜、秸秆、木板和草泥等构成，厚度40～50厘米。用砖石砌成"空心墙"，后墙高1.6米，温室内跨5.5～6.0米，无立柱（图1－5）。

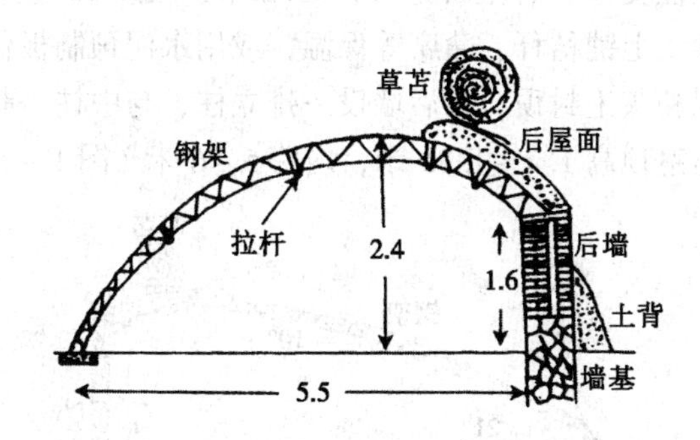

图1－5　鞍Ⅱ型改良日光温室参考结构（单位：米）

（四）天津三折式加温温室

该温室属钢架无立柱玻璃温室。钢架采用丁字钢或角钢及圆钢焊接而成，上弦、下弦宽15～20厘米。后屋面宽1.5～2.0米，用带孔预制板或充气水泥预制板覆盖，上铺一层厚约1厘米的炉渣或其他保温材料，并抹灰沙密封防雨。墙体为空心砖石结构，夹层内填防寒材料。后墙高2.0～2.5米，温室顶高2.4米，内跨6.5米，用暖水锅炉加温（图1－6）。

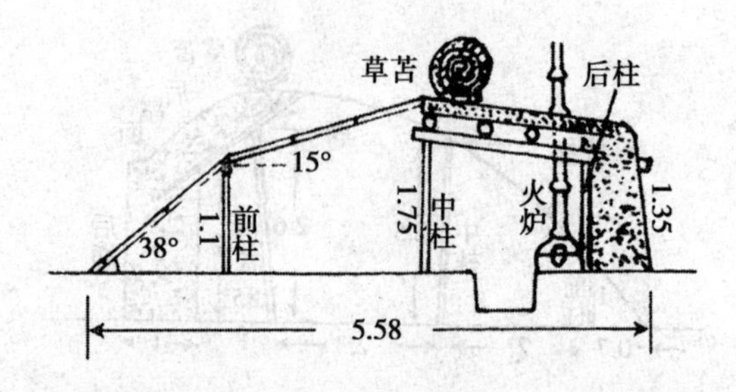

图1-6　天津三折式加温温室参考结构（单位：米）

（五）北京改良式加温温室

该温室属钢木结构。前屋面为钢制屋架，有一个折角，下设两排立柱支撑。后屋面宽1.7～2.2米，坡度10°左右，用钢材作支架，上铺秸秆、蒲席等保温，或用水泥预制板作顶，上抹麦秸泥和灰土封顶。靠后墙设一排立柱，与中柱一起支持后屋顶。温室顶高1.7～1.85米，内跨5～6米（图1-7）。

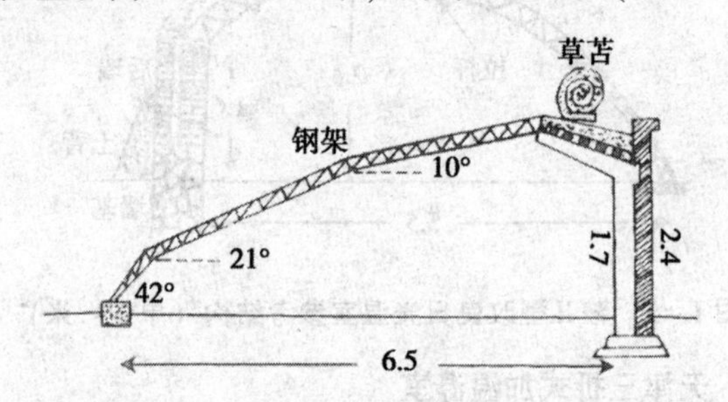

图1-7　北京改良式加温温室参考结构（单位：米）

第二节　设施地膜覆盖

地膜通常是指厚度为0.005～0.015毫米，专门用来覆盖地面，保护作物根系的一种农用薄膜的总称。地膜覆盖是当前农业生产中比较简单有效的增产措施之一。

一、地膜的种类及功能

（一）普通地膜

普通地膜是指无色透明的聚乙烯薄膜，透明的聚乙烯薄膜透光率高，土壤增温效果好。

（1）高压低密度聚乙烯（LDPE）地膜。用 LDPE 树脂经挤压吹塑成型的。为设施蔬菜生产上最常用的地膜。该种地膜透光性好，地温高，容易与土壤黏着，适用于北方。

（2）低压高密度聚乙烯（HDPE）地膜。用 HDPE 树脂经挤压吹塑成型的。用于蔬菜、棉花、玉米、小麦等作物。该种地膜强度高、光滑，但柔软性差，不易黏着土壤，不适于沙土地覆盖，其增温保水效果与 LDPE 地膜基本相同，但透明性及耐候性稍差。

（3）线型低密度聚乙烯（LLDPE）地膜。用 LLDPE 树脂经挤压吹塑成型的。用于蔬菜、棉花等作物。其特点除了具有 LDPE 地膜的特性外，机械性能良好，生长率提高 50% 以上，耐冲击强度、穿刺强度、撕裂强度均较高，其耐候性、透明性均好，但易粘连。

（4）高压聚乙烯和线性聚乙烯共混地膜。将两种树脂按一定的比例共混吹塑制成，以使高压聚乙烯和线性聚乙烯地膜的某些优良性能互补，其性能介于两者之间。

（5）高压聚乙烯和高密度聚乙烯共混地膜。将两种树脂按一定的比例共混吹塑制成，以使高压聚乙烯和高密度聚乙烯地膜的某些优良性能互补，其性能介于两者之间。

（6）线性聚乙烯和高密度聚乙烯共混地膜。将两种树脂按一定的比例共混吹塑制成，以使线性聚乙烯和高密度聚乙烯共混地膜的某些优良性能互补，其性能介于两者之间。

（二）有色地膜

有色地膜是在聚乙烯树脂中加入有色物质制成的。

（1）黑色膜。在聚乙烯树脂中加入2%～3%的炭黑制成的。透光率仅10%，地膜覆盖下的杂草因光弱而黄化死亡。黑色地膜增温效果差，因此黑色地膜适宜于夏季高温季节使用。

（2）银灰色地膜。生产中将银灰粉的薄层粘连在聚乙烯的两面制成夹层膜，或在聚乙烯树脂中加入2%～3%的铝粉制成的。该种地膜具有隔热和反光作用，能提高植株株丛内的光照强度，具有驱避蚜虫的作用，但增温效果差，因此，银灰色地膜适宜于夏季高温季节使用。

（3）黑白两面膜。一面为乳白色，另一面为黑色的复合地膜。覆膜时乳白色的一面向上，黑色的一面向下。具有保墒、阻止透光、增加反射、降低地温和除草的功能，多用于夏季高温季节，生产成本较高。

（4）银黑两面膜。一面为银灰色，另一面为黑色的复合地膜。覆膜时银灰色的一面向上，黑色的一面向下。具有反光、降低地温、驱避蚜虫、减轻病毒病危害和抑制作物徒长的功能，生产成本较高。

（5）绿色地膜。树脂中添加绿色颜料制成。能阻止植物作用所必需的可见光的透过，具有除草和抑制地温升高的功能，适用于夏季地面覆盖栽培。

（三）特殊功能地膜

（1）除草膜。在地膜制作过程中加入除草剂，地面覆盖后，薄膜凝聚的水滴溶解膜内的除草剂，而后滴入土壤，或在杂草触及薄膜时被除草剂杀死，起到除草作用。在国外已大量使用，我国已试产使用，但目前用于设施蔬菜作物上的除草剂种类较少，而且专用性很强，使用时应特别注意。

（2）有孔膜及切口膜。为了方便覆盖薄膜及播种、定植，在生产地膜时按照栽培的要求，在膜上打出 3.5 ~ 4.5 厘米直径的播种孔，或打出 10 ~ 15 厘米间距的定植孔，孔间距也可根据作物的要求而定。但因设施蔬菜作物的种植方式不同、作物种类不同，其株行距的差异较大，难以全部满足需要。

（3）降解膜。到目前为止，可降解膜有 3 种类型，即光降解膜、生物降解膜、光生降解膜。

①光降解膜是在聚乙烯树脂中添加光敏剂，在自然光的照射下，加速降解，老化崩裂。

②生物降解膜是在聚乙烯树脂中添加高分子有机物如淀粉、纤维素和甲酸酯或乳酸酯，借助于土壤中的微生物将塑料彻底分解重新进入生物圈。

③光生降解膜是在聚乙烯树脂中既添加了光敏剂，又添加了高分子有机物，从而具备光降解和生物降解的双重功能。

二、地膜覆盖的方式及应用

（一）平畦覆盖

畦面宽 80 ~ 100 厘米，畦埂宽 20 厘米，高 8 ~ 10 厘米。特点是可直接在畦面上浇水，并能通过畦埂蒸发，使土壤盐分向畦埂上运动，有利于盐碱地设施蔬菜作物的保苗及生育，但增温效果不明显，适于浅根性作物栽培。可先铺地膜后种植，也可以先栽菜后盖地膜（图 1 – 8）。

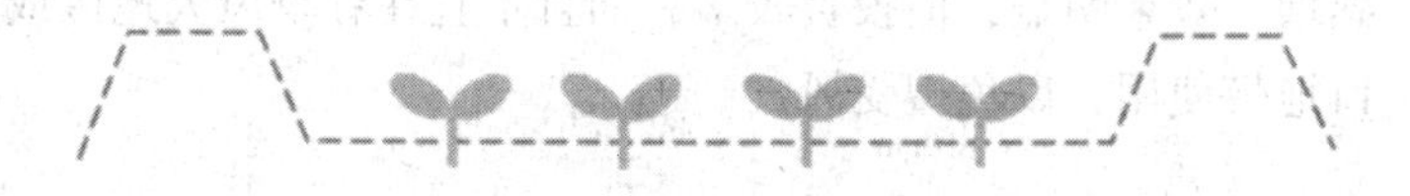

图 1 – 8　平畦覆盖

（二）高畦覆盖

高畦的畦背宽 60 ~ 80 厘米，略呈龟背形，畦底宽 100 ~ 110

厘米，覆盖 80～100 厘米幅宽的地膜。依据土质、地势、灌溉条件、气候等条件确定畦高，一般在 10～20 厘米，沙性土及干旱的区域，地势高燥，灌溉条件较差，畦宜低些；黏土及多雨湿润区域，灌溉条件较好，畦宜高些（图 1－9）。

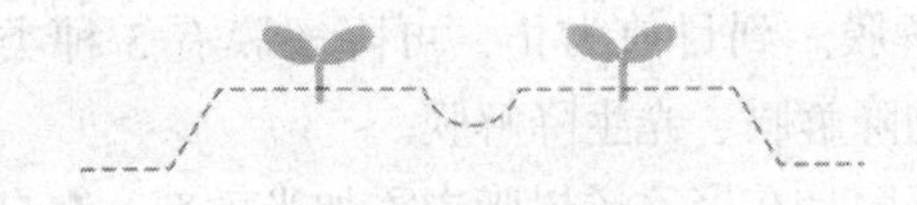

图 1－9　高畦覆盖

高畦地膜覆盖应用最多的是茄果类、瓜类、豆类、甘蓝、草莓等设施蔬菜作物的早熟栽培，要求施足基肥，深翻细耙，按规格作畦后，稍加拍打畦面，使畦面平整。可先覆盖地膜后定植，也可以先定植后再盖地膜。

（三）高畦小拱棚覆盖

畦高 10～20 厘米，畦宽 100～110 厘米，畦背宽 60 厘米，用小竹竿或竹片插成高 30～50 厘米、宽 70 厘米左右的小拱棚，覆盖地膜。这种方式可以天膜、地膜同时覆盖，也可以先盖天膜后铺地膜，或先铺地膜后盖天膜。芋艿和马铃薯地膜栽培，一般先用地膜覆盖地面，随着幼芽的生长，可将地膜用小竹竿或竹片撑起成小拱棚覆盖，一方面可以防止幼苗日灼，另一方面可继续发挥地膜的保温作用；也可破膜直接将幼芽引出膜外，使地膜继续覆盖地面（图 1－10）。此种覆盖方式，早熟增产效果明显，但投资较多，而且不宜在春季风大地区或风口地带使用，以免遭受风灾。

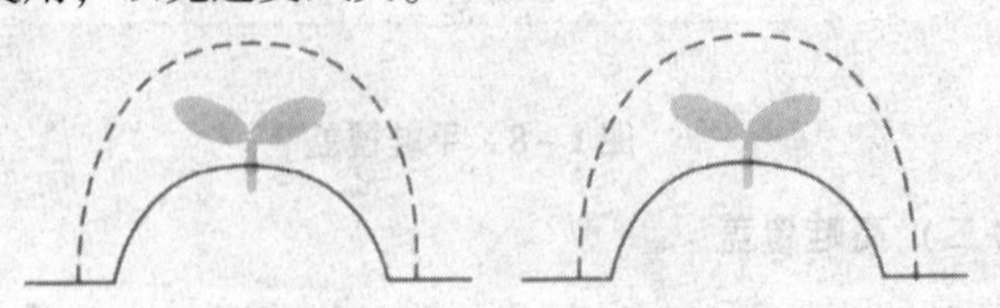

图 1－10　高畦小拱棚覆盖

（四）高垄覆盖

地块经施肥整地后起垄，垄宽 50 ~ 60 厘米，垄高 20 ~ 25 厘米，垄面上覆盖地膜。高垄地膜覆盖的增温效果优于高畦和平畦地膜覆盖，适于设施蔬菜作物的早熟栽培（图 1 – 11）。

图 1 – 11　高垄覆盖

（五）高垄沟栽覆盖

施基肥深翻后，按行距 60 ~ 70 厘米做成高垄，垄高 20 ~ 25 厘米，垄背宽 35 ~ 45 厘米，在垄背中央开定植沟，定植沟上口宽 20 厘米左右，底宽 15 厘米，沟深 15 ~ 20 厘米。幼苗在沟内生长，待幼苗长至膜面时，戳孔放风，晚霜过后，将地膜掀起，填平定植沟，破膜放苗，将天膜落为地膜，所谓“先盖天后盖地”。此种覆盖方式，可提早定植设施蔬菜作物 10 天左右，但较费工，气温高时易烤苗，要求精心管理（图 1 – 12）。

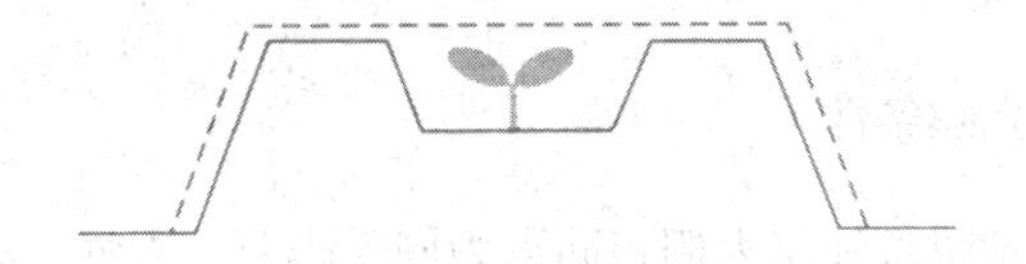

图 1 – 12　高垄沟栽覆盖

第三节　设施内的环境特点及调控

一、温度条件

正常管理下的日光温室温度明显高于室外。最高气温增温效应最大是在最冷的1月上中旬，以后随外界气温升高和放风管理，使最高气温的室内外差值逐渐缩小。

最高气温出现的时间，晴天最高气温出现在13时，比自然界提前。13时以后温度开始下降。阴天最高气温常出现在云层较薄、散射光较强的时候，但也随室内外温差大小而有别，故时间不易确定。

不同天气条件对最高气温的影响，晴天增温效应最大，多云天气次之，阴天最差。通风对最高气温的影响与通风面积、通风口位置、上下通风口的高差、外界气温及风速都有关系。扒缝放风时，上下通风口同时开放，通风面积为膜面的2%～3%时，可使最高温度下降10～14℃。圆形通风口上下两排开放，通风面积约为0.1%时，可使最高气温下降2～3℃。单开上排或下排放风口，或减少放风面积时，对最高温度的抑制较小。外界气温低，风大或上下风口高差大时，通风对抑制高温的效果大，反之则小。所以，一般冬季和早春放风效果明显，而3月下旬至4月后效果较差，此时必须加大通风量。由于温室水平温度的不一致性，对温室中部和远离门一端，应适当加大放风面积。

二、光照条件

温室光照条件与大棚相同点为同受季节、天气、方位、结构的影响。不同之处是温室光照度主要受前屋面角度、前屋面大小的影响。在一定范围内，屋面角度越大，透明屋面与太阳光线所成的入射角越小，透光率越高，光照越强。因此，冬季太阳高度角低，光照减弱。春季太阳高度升高，光照加强。

温室内南北水平光照差异表现为南强北弱，距前屋面越远光照越弱。在栽培蔬菜条件下，由于前排蔬菜遮阳，南北光差加大，造成前后排产量的差异。各排的垂直照度，上层最强，中层次之，下层最弱。为了充分利用温室光照，减少局部光差的影响，应注意冬春栽培品种的选择和不同种类的合理搭配。

三、湿度条件

影响温室湿度条件的因素有灌水量、灌水方式、天气、通风量与加温设备等。晴天湿度小于阴天，白天小于夜间，室内最高相对湿度出现在后半夜到日出前。温室容积小，湿度大。昼夜温差大，易因高温高湿引起病害，因此冬季在中午时也应作短时通风降湿。

四、土壤及其调控

（一）土壤酸化

土壤酸化是指土壤的 pH 值明显低于 7，土壤呈酸性反应的现象。

1. 土壤酸化对蔬菜的不良影响

土壤酸化对蔬菜的影响很大，一方面能够直接破坏根的生理机能，导致根系死亡；另一方面还能够降低土壤中磷、钙、镁等元素的有效性，间接降低这些元素的吸收率，诱发缺素症状。

2. 土壤酸化的原因

大量施用氮肥导致土壤中的硝酸积累过多是引起土壤酸化的主要原因。此外，过多施用硫酸铵、氯化铵、硫酸钾、氯化钾等生理酸性肥也能导致土壤酸化。

3. 主要防治措施

（1）合理施肥。氮素化肥和高含氮有机肥的一次施肥量要适中，应采取“少量多次”的方法施肥。

（2）施肥后要连续浇水。一般施肥后连浇 2 次水，降低酸的浓度。

(3) 加强土壤管理。如进行中耕松土，促根系生长，提高根的吸收能力。

(4) 对已发生酸化的土壤应采取淹水洗酸法或撒施生石灰中和的方法提高土壤的 pH 值，并且不得再施用生理酸性肥料。

(二) 土壤盐渍化

土壤盐渍化是指土壤溶液中可溶性盐浓度明显过高的现象。

1. 土壤盐渍化对蔬菜的不良影响

当土壤发生盐渍化时，植株生长缓慢，分枝少；叶面积小，叶色加深，无光泽；容易落花落果。危害严重时，植株生长停止，生长点色暗、失去光泽，最后萎缩干枯；叶片色深、有蜡质，叶缘干枯、卷曲，并从下向上逐渐干枯、脱落；落花落果；根系变褐色坏死。

土壤盐渍化往往是大规模造成危害，不仅影响当季生产，而且过多的盐分不易清洗，残留在土壤中，对以后蔬菜的生长也会产生影响。

2. 土壤盐渍化的原因

土壤盐渍化主要是由于施肥不当造成的，其中，氮肥用量过大导致土壤中积累的游离态氮素过多，是造成土壤盐渍化的最主要原因。此外，大量施用硫酸盐（如硫酸铵、硫酸钾等）和盐酸盐（如氯化铵、氯化钾等），也能增加土壤中游离的硫酸根和盐酸根浓度，发生盐害。

3. 主要防治措施

(1) 定期检查土壤中可溶性盐的浓度。土壤含盐量可采取称重法或电阻值法测量。

称重法是取100克干土加500克水，充分搅拌均匀。静置数小时后，把浸取液烘干称重，称出含盐量。一般蔬菜设施内每100克干土中的适宜含盐量为15～30毫克。如果含盐量偏高，要采取预防措施。

电阻值法是用电阻值大小来反映土壤中可溶性盐的浓度。测量方法是：取干土1份，加水（蒸馏水）5份，充分搅拌。静置数小时后，取浸出液，用仪器测量浸出液的电传导度。蔬菜适宜土壤浸出液的电阻值一般为0.5～1毫欧/厘米。如果电阻值大于此值范围，说明土壤中的可溶性盐含量较高，有可能发生盐害。

（2）适量追肥。要根据作物的种类、生育时期、肥料的种类、施肥时期以及土壤中的可溶性盐含量、土壤类型等情况确定施肥量，不可盲目加大施肥量。

（3）淹水洗盐。土壤中的含盐量偏高时，要利用空闲时间引水淹田，也可每种植3～4年夏闲一次，利用降水洗盐。

（4）覆盖地膜。地膜能减少地面水分蒸发，可有效地抑制地面盐分积聚。

（5）换土。如土壤中的含盐量较高，仅靠淹水、施肥等措施难以降低时，就要及时更换耕层熟土，把肥沃的田土换入设施内。

五、气体及其调控

设施作物是设施的主体，根据设施内气体对作物是有益还是有害，可将气体分为有益气体和有害气体两种。

有益气体主要指的是二氧化碳和氧气。光合作用是作物生长发育的物质能量基础，而CO_2是绿色植物进行光合作用的重要原料之一。在自然环境中，CO_2的浓度为300微升/升左右，能维持作物正常的光合作用。各种作物对CO_2的吸收存在补偿点和饱和点。在一定条件下，作物光合作用吸收的 CO_2 量和呼吸作用放出的 CO_2 量相等，此时的 CO_2 浓度称为 CO_2 补偿点；随着 CO_2 浓度升高光合作用也会增加，当 CO_2 浓度增加到一定程度，光合作用不再增加，此时的 CO_2 浓度被称为 CO_2 饱和点；长时间的 CO_2 饱和浓度可对绿色植物光合系统造成破坏而降低光合效率。把低于饱和浓度可长时间保持较高光合效率的 CO_2 浓度称为最适 CO_2 浓度，最适 CO_2 浓度一般为 600 ~ 800 微升/升。

同样，作物生命活动需要氧气，尤其在夜间，光合作用因为黑暗的环境而不再进行，呼吸作用则需要充足的氧气。地上部分的生长需氧来自空气，而地下部分根系的形成，特别是侧根及根毛的形成，需要土壤中有足够的氧气，否则根系会因为缺氧而窒息死亡。此外，在种子萌发过程中必须要有足够的氧气，否则会因酒精发酵毒害种子使其丧失发芽力。

有害气体主要指的是氨气、二氧化氮、二氧化硫、乙烯、邻苯二甲酸二异丁酯等气体。设施具有半封闭性，在低温季节，温室大棚经常密闭保温，很容易积累有毒气体造成危害。如当大棚内氨气太多时，植株叶片先端会产生水渍状斑点，继而变黑枯死；当二氧化氮达 2. 5 ~ 3 微升/升时，叶片发生不规则的绿白色斑点，严重时除叶脉外，全叶都被漂白。

第二章　设施蔬菜栽培基本技术

第一节　设施蔬菜栽培的主要形式

一、冬春长季节栽培

冬春长季节栽培又称越冬栽培、深冬栽培。指冬季严寒期利用温室等设施进行长期的加温或保温栽培蔬菜的方式。

二、春季早熟栽培

春季早熟栽培指在设施栽培条件下种植的蔬菜，生育前期（早春）短期加温，而生育后期不加温，只是进行保温或改为在露地条件继续生长或采收的春季提早上市的栽培方式，故又称之为早熟栽培。

三、延迟栽培

延迟栽培指一些喜温性蔬菜的延迟栽培，如黄瓜、番茄等。秋季前期生长在未覆盖的棚室或在露地生长。晚秋早霜到来之前扣膜防霜冻，使之在保护设施内继续生长，延长采收时间，俗称大棚。日光温室的秋延后栽培，它比露地栽培延迟供应期1~2个月。如利用日光温室或塑料大棚多重覆盖栽培，可使采收期延长到元旦春节，经济效益大幅度提高。

四、越夏栽培

越夏栽培指夏季利用遮阳网、防虫网、防雨棚等主要设施栽培的形式，在大棚、温室骨架上覆盖遮阳网或将大棚的裙膜掀掉，只保留顶膜并覆盖遮阳网，以遮阳降温、防暴雨、防台风为主的夏季设施蔬菜栽培类型。

第二节　设施蔬菜栽培茬口安排

在同一栽培设施内，不同年份和同一年份的不同季节，安排作物种类、品种及其前后茬的衔接搭配和排列顺序称为茬口安排。科学的茬口安排是合理利用自然气候资源与作物生物资源，充分发挥不同类型设施性能，降低生产成本，提高设施蔬菜经济效益的基本农业措施。

一、设施蔬菜栽培茬口安排的基本原则

1. 依据生产条件确定茬口

设施蔬菜生产条件主要包括生产经营方式、日光温室和大棚等设施的结构形式、温光等环境调控能力、生产者的生产技术水平，以及资金和物资条件等。生产经营方式主要涉及生产者的积极性和责任心，一个高产高效益的茬口安排，没有生产者的责任心和积极性是难以实现的。日光温室和大棚设施的结构形式与温光等环境调控能力，决定了日光温室和大棚内的环境条件的优劣。茬口安排应按照已建成温室和大棚所能创造的温光条件来进行。生产者的生产技术水平与投入的资金和物资条件等也是决定茬口安排的重要因素，因此，在茬口安排时应量力而行。

2. 依据市场和经济效益确定茬口

蔬菜商品需求是决定其经济效益的重要因素之一。应根据市场上蔬菜不同季节的价格变动，选择市场价格较高的蔬菜作物和季节进行种植，经济效益的好坏与市场关系很大。

3. 依据避免发生连作障碍确定茬口

在茬口安排上，应特别注意避免将易于出现连作障碍的蔬菜作物实行轮作倒茬。一般同科蔬菜作物的种类间轮作倒茬易于出现连作障碍，而不同科蔬菜作物的种类间轮作倒茬不易出现连作障碍。例如，茄科、葫芦科的果菜类蔬菜前茬种百合科的韭菜或青蒜，则对果菜类蔬菜作物的生长发育有利。

4. 依据充分利用资源确定茬口

充分利用当地的自然资源、劳动力资源和物资资源等安排茬口。例如，在光照充足的温暖地区，可进行日光温室喜温果菜的冬茬或冬春茬生产；而在气候寒冷、冬季光照较差的地区，则只能安排耐寒叶菜生产。在劳动力资源较为充足的农区，可发展较为费工的日光温室冬茬或冬春茬喜温果菜生产；而城市近郊劳动力紧张，则可进行省工的速生蔬菜生产。此外，在保温材料充足地区，可进行喜温果菜冬春茬生产；而在保温材料缺乏，且生产成本非常高的地区，可安排耐寒蔬菜生产。

二、我国设施蔬菜栽培中应用的主要茬口

（一）春茬栽培

设施蔬菜春茬栽培又称春提早栽培，是指栽培作物的主要生长发育期在月期间的栽培方式。在这一生长季节内，除华南热带气候区外，我国大部分地区前期气温还相对较低，应根据不同地区外界气候条件，选择不同设施和适宜的作物类型及品

种进行生产茬口安排。春茬栽培一般在前一年的12月至翌年的4月在温室、大棚、温床等保温性较强的设施内培育壮苗，2月下旬至4月定植，4~5月开始采收上市。该茬育苗期外界温度较低，定植后缓苗期温度变化幅度大，因此，生产上应注意苗期保温防冻，定植后缓苗期防风和防倒春寒。设施蔬菜春茬栽培种类较多，从喜温的果菜类蔬菜到喜冷凉的叶菜和根菜类蔬菜均可，但以果菜类蔬菜设施春茬栽培较多。

1. 塑料中小棚春茬栽培

在华北暖温带气候区，种植喜温蔬菜，12月上旬至翌年1月中旬在温室或温床内播种育苗，3月中旬至4月上旬定植，黄瓜等瓜类蔬菜4月下旬至5月上旬开始采收上市，番茄5月下旬至6月中旬开始采收上市；种植喜凉蔬菜，2月中下旬定植，4月中下旬采收上市；种植耐寒蔬菜随时可以播种生产。在长江流域亚热带气候区，种植喜温蔬菜，12月上旬至翌年1月中旬在温室或温床内播种育苗，2月中旬至3月上旬定植，黄瓜等瓜类蔬菜3月下旬至4月中旬开始采收上市，番茄5月上旬至5月中旬开始采收上市；种植喜凉蔬菜，2月中下旬定植，4月中下旬采收上市；种植耐寒蔬菜随时可以播种生产。在华南热带气候区，各类蔬菜都可以随时播种生产。

2. 塑料大棚春茬栽培

长江流域亚热带气候区，一般初冬播种育苗，翌年2月中下旬至3月上旬定植，4月中下旬始收，6月下旬至7月上旬拉秧，如大棚黄瓜、甜瓜、西瓜、番茄、辣椒等。

3. 日光温室春茬栽培

日光温室春茬栽培的生产开始时期要比塑料大棚早，如日光温室黄瓜春茬栽培的上市期比塑料大棚春茬栽培可提早45天以上。日光温室喜温果菜类蔬菜春茬栽培，华北暖温带气候区和长江流域亚热带气候区，一般初冬播种育苗，翌年1～2月上中旬定植，3月始收。日光温室耐寒性蔬菜春茬栽培，各地区均可随时播种随时栽培。春茬蔬菜栽培是目前日光温室生产中采用较多的种植形式，几乎可生产所有蔬菜，如春茬的黄瓜、番茄、辣椒、甜瓜、西葫芦、菜豆、西瓜及各种速生叶菜。

（二）秋茬栽培

设施蔬菜秋茬栽培也称秋延后栽培，是指栽培作物的主要生长发育期在8～12月期间的栽培方式。该茬栽培一般在6月上中旬至8月中旬之间育苗，苗龄20～30天，7月上中旬至9月上旬定植，产品上市时间主要是9～12月，弥补了露地栽培产品秋淡季的供应问题。

1. 塑料中小棚秋茬栽培

中小棚秋茬栽培，在长江流域亚热带气候区，种植喜温蔬菜，6月上旬至7月中旬播种育苗，8月中旬定植，9月上旬开始采收上市，12月上中旬拉秧；种植喜凉蔬菜8月中旬至9月上旬定植，10月中下旬采收上市。

2. 塑料大棚秋茬栽培

为了充分利用设施空间，提高生产效益，大棚秋茬栽培以瓜类、茄果类、豆类等高大植株栽培为主，当然也可根据当地蔬菜产品市场的需求进行调整。在长江流域亚热带气候区，种植喜温蔬菜，6月上旬至7月中旬播种育苗，8月中旬定植，9月上旬开始采收上市，12月上中旬拉秧；种植喜凉蔬菜，8月中旬至9月上旬定植，10月中下旬采收上市；种植耐寒蔬菜随时可以播种生产。

3. 网室秋茬栽培

此茬口多为喜凉叶菜的夏秋栽培茬口。大棚果菜类蔬菜早熟栽培拉秧后，将大棚或温室裙膜去除通风，保留顶膜防雨，上盖黑色遮阳网（遮光率60%以上），进行喜凉叶菜的防雨降温栽培，这也是南方夏秋季主要设施栽培类型。

（三）冬茬栽培

设施蔬菜冬茬栽培是指栽培作物的主要生长发育期在10月至翌年2月期间的栽培方式。全国各地区冬茬栽培一般均在9～10月播种，10～11月定植，11月到翌年1月开始采收上市。

1. 塑料大棚冬茬栽培

在黄淮地区冬季比较寒冷，塑料大棚冬茬栽培主要进行甘蓝、花椰菜、蒜苗、芹菜、油麦菜、莴苣等耐寒叶菜生产。在长江流域亚热带气候区，除可进行耐寒、半耐寒、喜凉蔬菜生产外，还可通过多层覆盖进行番茄、黄瓜等喜温蔬菜生产。在华南热带气候区，该茬是蔬菜作物生长发育的适宜温度时期，可以进行各类蔬菜生产。

2. 日光温室冬茬栽培

日光温室冬茬栽培能够解决我国北方初冬及早春喜温果菜类蔬菜产品市场供应的淡季问题。一般在8月下旬至9月上旬播种育苗，9月下旬至10月上中旬定植，黄瓜11月上旬至11月下旬开始收获，番茄则在翌年1月上旬至1月下旬开始收获，2月下旬拉秧。日光温室冬茬与春茬栽培相结合，可有效解决寒冷地区喜温蔬菜市场供应。

3. 连栋温室冬茬栽培

华南沿海地区连栋温室冬茬栽培以厚皮甜瓜、西瓜、辣椒、菜豆、丝瓜、苦瓜等喜温蔬菜作物为主。一般于10月育苗，11月定植，12月开始采收上市，翌年3～4月拉秧。该茬次可有效弥补北方地区冬季喜温蔬菜供应淡季，经济效益较高。在东北、华北及西北地区，以黄瓜、番茄、彩椒等喜温蔬菜及莴苣、芹菜等耐寒蔬菜栽培为主。一般果菜类蔬菜于7月育苗，8月中下旬定植，10月开始采收，12月下旬到翌年1月初拉秧。

（四）冬春茬栽培

冬春茬栽培是指栽培作物历经前一年的冬季和翌年的春季栽培的生产类型，该茬果菜类蔬菜一般在9~10月播种育苗，10~11月定植，翌年1~2月开始上市，6~7月拉秧。

1. 塑料大棚冬春茬栽培

在华北暖温带气候区，塑料大棚冬春茬除可进行耐寒蔬菜栽培外，还可进行半耐寒及喜凉蔬菜栽培，例如，大棚冬春茬花椰菜、芹菜、莴笋、韭菜、芫荽、薹菜等。在长江流域亚热带气候区，除可进行耐寒及半耐寒蔬菜生产外，还可进行茄果类蔬菜栽培；该茬一般在9月上旬至10月上旬播种育苗，12月上旬定植，翌年2月下旬至3月上旬开始上市，持续到4~5月结束；其栽培技术核心是选用早熟品种实行矮、密、早栽培技术，运用大棚进行多层覆盖（二道幕加小拱棚加草帘加地膜），使茄果类蔬菜安全越冬，上市期比一般大棚早熟栽培提早30~50天，多在春节前后供应市场，故栽培效益很高。在华南热带气候区，此期间栽培温度适宜，光照充足，利用大棚可进行瓜类、茄果类、豆类等喜温与耐热蔬菜生产，是比较理想的生长季节。

2. 日光温室冬春茬栽培

一般9~10月播种育苗，10~11月定植，黄瓜于翌年元旦至春节期间开始上市，6~7月高温前结束。日光温室蔬菜冬春茬栽培是目前我国北方地区应用较多、效益较高的一种茬口类型，主要有冬春茬黄瓜、番茄、茄子、辣椒、西葫芦等。

3. 连栋温室冬春茬栽培

一般连栋温室具有较强的环境调控能力，冬春茬栽培茬口的生产成本较高，因此，连栋温室冬春茬栽培要以生产价值高的稀有名特优蔬菜为主，主要包括迷你黄瓜、樱桃番茄、彩色甜椒、黄皮西葫芦等。一般于 10 月育苗，11 月定植，翌年 1 月开始采收上市，6 ~7 月拉秧结束。

第三节　菜地规划与土壤耕作

一、菜地选择

建立蔬菜生产基地，菜地的选择非常关键。通常从气候、土壤、交通和地理等条件来综合评价，考虑气候和土壤条件对蔬菜产量品质的影响，地理条件对蔬菜基地规划的影响，交通条件对蔬菜销售的影响。

（一）光照和通风

蔬菜生长发育需要充足的光照，应选择向阳、光照充足，以及周围没有高大树木和建筑遮阴的地方，并要求四周开阔，通风流畅，周围无工厂排烟或其他污染物质，但切忌选择风口。

（二）土壤条件

蔬菜作物对土壤总的要求：具有适宜的土壤肥力，充足的水分、养分供应，土层深厚，耕作层松紧适宜、质地沙黏适中，土壤 pH 值适度，地下水位适宜，无重金属及其他有毒物质污染。

（三）排灌条件

蔬菜作物需水量大，需要选择靠近水源、排灌良好的地块，既保证充足的水源供应，也使蔬菜免受涝害和干旱的影响。注意灌溉水源应不含有害化学物质，周围无工厂排污和填放生活垃圾、废渣等。

（四）地理条件

一般选择地势较为平坦的地块，便于进行整体区划和生产管理。如果是丘陵地带，应选坡度为10°左右的缓坡地。

（五）交通条件

新鲜蔬菜不耐贮藏，且每日必需，因此，对流通提出要求。为了便于生产资料和蔬菜产品的运输，一般选择靠近蔬菜市场的近郊，或交通条件便利的地区建立蔬菜基地。

二、菜地规划

菜地规划是指对蔬菜生产基地中的生产用地、防护林、道路和灌溉排水工程等进行全面统一规划，使路、沟、渠、林配套。目的是便于机械化耕作，系统轮作，对排灌进行统一安排，合理配置田间道路和农田防护林带；便于采后保鲜，净菜上市，就地批发与运销。平地和坡地的菜地规划应有所不同。

（一）菜地面积的确定

根据“就地生产，就地供应”的方针，按照“以需定产，产稍大于销”的原则，结合当地的消费人口（包括常住和流动人口）、消费水平、生产水平、气候条件，另加一定的安全系数，综合考虑，确定蔬菜基地面积；有的城市还要考虑军工特需及出口外调的需要。例如，人均日消费量达到0.5千克左右毛菜（包括10%～30%的安全系数在内），华中、华东、华南、西南地区大体上可按20～27平方米/人的标准建立常年蔬菜基地。

（二）菜地布局

蔬菜基地布局应遵循“常年菜地与季节性菜地相结合，近郊与远郊相结合”的原则，根据各地自然环境条件，尽量达到常年性菜地、季节性菜地相互补充，平原菜地与高山菜地、本地菜与外地特产菜互相支援。

（三）菜地规划内容

1. 菜地区划

菜地一般由田间道路、固定渠道或地埂分割形成。规模较大的蔬菜基地应进行菜地区划，根据蔬菜生产特点和排灌运输等机械化要求，结合水利建设、道路改造，因地制宜平田整地，将大小不一、高低不平的田块平整化，实现菜地的园田化。园田化是蔬菜基地建设的重要方向，便于适应机械化作业和统一安排田间排灌渠道及田间道路。

在同一田区内应土地平整，坡度一致。田区多为正方形，面积与耕作机械相适应，一般以 1 公顷为单位。江南在小型拖拉机耕作运输的条件下，多实行 50 米 × 100 米、50 米 × 50 米的规格。坡度较大的丘陵区必须修成梯田，以利保水保肥保土。菜地道路应尽量利用现有的交通干线，有利于产品和生产资料的运输。

2. 排灌系统

蔬菜既需勤灌，又怕涝渍，因此，其排灌系统设计标准比大田高，要求日降水量 300 毫米能及时排出，百日无雨保证灌溉，地下水位在 1 米以下。排灌系统的规划应充分考虑灌溉方式，如沟灌、喷灌、滴灌、地下渗灌等。为了节约用地和用水，目前，排灌系统向地下沟灌、地面喷灌及滴灌等节水灌溉发展。

沟灌的输水干线尽量埋设地下水泥管道。喷灌和滴灌则应考虑天然降水的排水问题。排水系统应与当地的地形、地貌、水文地质条件相适应。排水系统的总出路应充分利用自然的排水河流。排水沟渠应考虑地面坡度、地下水径流情况、地下水矿化程度等。为确保排灌适时，应机电设备配套，建立机械扬水站或电力排灌站，形成能排能灌的菜地排灌系统，增强蔬菜生产抗御自然灾害的能力。

3. 保护林带

风沙较大的菜地必须建立防护林带，以降低风速，削弱风力，保持良好的菜地小气候，改善蔬菜生产环境条件。规划防护林带时，主林带与风向垂直，副林带与主林带垂直。另外，建立防护林时，应当把一些生产、生活建筑与林带有机结合，统筹安排。

在一些大型蔬菜基地，为了适应现代化蔬菜生产管理的需要，还要进行相应的配套设施规划，例如，供电系统、堆肥场地、采后包装保鲜车间、办公及其他附属设施等。此外，随着设施栽培在蔬菜生产上的发展，各种保护地在进行设施建造时也应进行相应的规划，以提高设施的利用效率。

三、土壤耕作

土壤耕作就是在作物整个生产过程中，通过农具的物理机械作用，改善土壤的耕层结构和地面状况，包括耕翻、耙地、做畦、起垄、中耕、培土等。土壤耕作的主要作用是通过机械作用创造良好的耕作层和孔隙度，协调土壤中水、肥、气、热等因素，改善土壤环境，为作物播种出苗、根系发育、丰产丰收创造优良条件。

(一) 土壤耕作的任务

1. 改善耕层物理性质

土壤耕作可使土壤耕层疏松，土壤总孔隙和非毛细管孔隙增加，从而增加土壤的透水性、通气性和保水性，提高土壤温度，促进土壤微生物活动，加速土壤有机物分解，提高土壤中有机养分含量，改变耕作层土壤的气、液、固三相比例，调节土壤的水、肥、气、热等状况。

2. 保持耕层团粒结构

团粒结构是土壤肥力的基础，它能协调土壤中水分、空气和营养物之间的关系，改善土壤的理化性质。通过土壤耕作，既可以防止土壤板结，又可以使耕层上层丧失结构性的土壤和下层具有较好结构的土壤交换，从而使耕层团粒结构得以保持。

3. 正确翻压绿肥、有机肥

土壤耕作过程中，正确翻压绿肥、有机肥以及无机肥，人造肥、土相融的耕层，促进其分解转化，可以减少肥料的损失，增加土壤肥效，改良土壤的理化性质。

4. 清除田间枯枝败叶

结合土壤耕作，可以清除田间残根、杂草、残株落叶等，消灭多年生杂草的再生能力。

5. 掩埋带菌体及虫卵

深翻可以掩埋带菌体及虫卵，改变其生活环境，减轻蔬菜病虫害，保持田间清洁。

6. 平整土地与压紧表面

通过土壤耕作，平整土地与压紧表面为蔬菜播种、种子发芽、幼苗定植等创造“上松下实”的优良生长环境条件。

（二）菜地耕作的时间与方法

菜地耕作的时间与方法应因时、因地而异，要考虑其宜耕性。从耕作时间上来看，大体分为春耕与秋耕；从耕作内容上，可分为耕翻、耙地、耢地、混土、整地、做畦、中耕等。

1. 土壤的宜耕性与宜耕期

土壤的宜耕性是指土壤适宜耕作的性能，是土壤在耕作时所表现的物理机械性状。当土壤处于宜耕状态时，犁耕阻力小，耕作容易，土壤易散碎，耕作质量好。土壤耕性好坏主要从耕作难易、耕作质量、宜耕期的长短3个方面来衡量。由于土壤质地和含水量不同，不同的土壤类型具有不同的可塑性；农业耕作只有在一定的可塑性范围内才具有好的效果，这个可塑性范围所保持的时期即为土壤的宜耕期。

目前，生产中确定土壤宜耕期的办法有：一是看土色，外表白（干）、里黑暗（湿），湿度正相当；二是用手检查，取一把土壤握紧放开手，看土是否松散开，能散开即为土壤宜耕状态；三是试耕后土壤为犁铧抛散形成团粒，不粘农具。土壤宜耕期除水分条件外还决定于土壤质地，黏性土宜耕期短，沙性土则相反。

2. 深耕

实践证明，深耕可以加厚活土层，疏松土壤，破除犁底层，降低毛细管作用，减少蒸发，防止返盐，提高土壤的透水性，增强土壤蓄水、保肥、抗旱、抗涝能力，还有利于消灭杂草和病虫害。但深耕增产并非越深越好，在0～50厘米范围内，作物产量随深度增加而有不同程度的提高，就根系分布来看，蔬菜属于浅根系作物；用一般农具人工翻地的耕翻深度在25厘米以内，用机耕深度可达30厘米以上。

3. 耕作时间

冬季寒冷的北方地区秋耕与春耕表现比较明显，但在长江以南的南方地区，冬季温暖，几乎全年均能栽培蔬菜，一般随收随耕，可根据茬口安排适当冻垡或晒垡，地面少有休闲时期；而在高度应用套作、间作增加复种指数的地区，一般每年只翻耕一次。一般秋冬季进行深耕，但不一定年年深耕，可结合改土同时进行。春耕主要注意提高土温，宜早、宜浅；夏耕则要注意保墒，避免在干旱条件下不合理耕作对土壤结构造成破坏。

4. 整地做畦

土壤翻耕之后，还要进行整地做畦，主要是为了控制土壤中的含水量，便于灌溉和排水，另外，对土壤温度、空气条件也有一定改善，还可以减轻病虫害发生。结合整地做畦，施入基肥（主要是有机肥）是生产中常采用的方式。

第四节　种子与播种

一、蔬菜种子

优质的种子是培育壮苗、获得高产的关键。广义的蔬菜种子，泛指一切可用于繁殖的播种材料，包括植物学上的种子、果实、营养器官以及菌丝体（食用菌类）。此外，还有一类人工种子，目前，还未普遍应用。狭义的蔬菜种子则专指植物学上的种子。

（一）种子的寿命

种子的寿命指种子在一定环境条件下能保持发芽能力的年限。种子寿命的长短取决于遗传特性和繁育种子的环境条件、种子成熟度、贮藏条件等，其中贮藏条件中的湿度对种子生活力影响最大。在实践中，种子的寿命则指整个种子群体的发芽率保持在60%以上的年限，即种子使用年限。

（二）种子的发芽特性

种子能否正常发芽是衡量种子是否具有生活力的直接指标，也是决定田间出苗率的重要因素。种子发芽过程中种子形态、结构和生理活动的变化规律及其所需的环境条件是进行种子催芽处理、播种等技术措施的根据。

1. 发芽过程

种子发芽过程就是在适宜的温度、水分和氧气条件下，种子胚器官利用贮存的营养进行生长的过程，一般包括吸胀、萌动与发芽3个过程。

2. 种子发芽对环境条件的要求

（1）水分。水分是种子发芽的必需条件，只有吸收充足水分，使种子自由水含量增加，贮藏干物质向溶胶转变，代谢活动加强，才能促使种子发芽。根据种子吸水量大小可以将蔬菜分为3类：一是吸水量大的，其吸水量可达种子风干重的100%～140%，如豆类、冬瓜、南瓜等；二是吸水量中等的，其吸水量为种子风干重的60%～100%，如番茄、丝瓜、甜瓜等；三是吸水量小的，其吸水量为种子风干重的40%～60%，如茄子、黄瓜、苦瓜等。对种子吸水影响显著的外界因子是温度，在物理吸水阶段，温度愈高，吸水愈旺盛；而在生理吸水阶段则不然，温度超过适宜界限，吸水力就会下降。

（2）温度。温度是影响种子发芽的重要环境因素之一。不同蔬菜种子对温度要求不同，都有其最适温度、最高温度和最低温度。最适温度条件下种子萌发最快，常见蔬菜种子发芽的适宜温度见表2－1。有的蔬菜种子如芹菜，进行昼夜温度周期交替的变温处理，可以促进萌发。

表 2－1　常见蔬菜种子发芽的适宜温度　　单位：℃

蔬菜种类	温度	蔬菜种类	温度	蔬菜种类	温度
芹菜	20	萝卜	25	果类	30
菠菜	21	白菜类	25	南瓜、丝瓜、冬瓜	32
莴苣	22	胡萝卜	27	菜豆	32
葱、韭	24	黄瓜	30	豇豆	35

按照种子发芽对土壤温度的反应可将蔬菜分为3类：一是中温发芽蔬菜，如莴苣、菠菜、茼蒿、芹菜等；二是高温发芽蔬菜，如甜瓜、西瓜、南瓜、番茄、黄瓜等；三是适温范围较广蔬菜，如萝卜、白菜、甘蓝、芜菁、葱等。据研究，蔬菜种子在开始出土后的0～2天出苗率可达70%～80%，土壤温度越适宜，出土集中的时间越短，且种子集中出土的时期与开始出土期的间隔天数也越短。在一定出土时期（10天或15天）内，叶菜、堇菜、花菜、根菜的种子发芽温度低限为11～16℃，高限为25～35℃；瓜类、豆类的低限为20～25℃，高限为30～35℃。

（3）气体。种子在发芽过程中要进行呼吸作用，需要吸收大量的O_2，同时释放CO_2。一般来说，O_2浓度增高可促进种子发芽，CO_2浓度增高则抑制发芽。种子萌发初期需氧量较少，萌动后需氧量增加，若缺氧种子不萌发，持续时间长还会导致“烂种”。不同种类蔬菜，种子发芽对氧的要求与敏感程度也不同，水生蔬菜种子对氧的需要量比旱地蔬菜要少得多。常见蔬菜中，萝卜对氧需要量最大，黄瓜、葱、菜豆需要量最少。

（4）光照。种子都能在黑暗条件下发芽，但不同种类的蔬菜种子发芽时对光照的反应有差异。根据发芽时对光照条件的要求，可将蔬菜种子分为需光型、嫌光型、中光型3种：需光型种子在有光条件下发芽好于黑暗条件下，如十字花科芸薹属、莴苣、牛姜、茼蒿、胡萝卜、紫苏等；嫌光型种子在黑暗条件下发芽良好，如车前子、番茄、辣椒、葱、韭菜、韭葱等；中光型种子发芽对光反应不敏感，如萝卜、菠菜、豆类等。生产中可用一些化学药品处理来代替光的作用，如用硝酸盐（0.2%硝酸钾）溶液处理，可代替一些喜光发芽种子对光的要求；赤霉素（100 毫克/升）处理可代替红光的作用。

（三）种子质量检验

种子质量包括品种品质和播种品质两方面。品种品质主要指种子的真实性和纯度，播种品质主要指种子饱满度和发芽特性。种子质量的优劣最后表现在播种后的出苗速度、整齐度、秧苗纯度和健壮度等方面，应在播种前确定。主要检测内容有纯度、饱满度、发芽率、发芽势、生活力。

1. 纯度

指样本中属于本品种种子的质量百分数，其他品种或种类的种子、泥沙、花器残体及其他残屑等都属杂质。种子纯度的计算公式是：

$$种子纯度（\%）=（供试样品总重-杂质重）/供试样品总重\times 100$$

蔬菜种子的纯度要求达到98%以上。

2. 饱满度

通常用“千粒重”（即 1 000 粒种子的质量，用克表示）度量蔬菜种子的饱满程度。同一品种的种子，千粒重越大，种子越饱满充实，播种质量越高。

3. 发芽率

指在规定的实验条件下，样本种子中发芽种子的百分数。计算公式如下：

种子发芽率（%）=发芽种子粒数/供试种子粒数×100

测定发芽率通常在垫纸的培养皿中进行，也可在沙盘或苗钵中进行。蔬菜种子的发芽率分甲、乙二级，甲级蔬菜种子的发芽率应达到90%以上，乙级蔬菜种子的发芽率应在85%左右。

4. 发芽势

指种子的发芽速度和发芽整齐度，表示种子生活力的强弱程度。用规定天数内的种子发芽百分率来表示，如豆类、瓜类、白菜类、莴苣、根菜类为3~4天，韭、葱、菠菜、胡萝卜、茄果类、芹菜等为6~7天。计算公式为：

种子发芽势（%）=规定天数内的发芽种子粒数/供试种子粒数×100

5. 生活力

指种子发芽的潜在能力，可用化学试剂染色来测定。常用的化学试剂染色法如四唑染色法（TTC或TZ）、靛红（靛蓝洋红）染色法，也可用红墨水染色法等。有生活力的种子经四唑盐类染色后呈红色，死种子则无这种反应；靛红、红墨水等苯胺染料不能渗入活细胞内而不染色，可根据染色有无及染色深浅判断种子生活力的有无或生活力强弱。

二、播种

（一）播种量

播种前应首先根据种子的种类、种子的质量、播种季节、自然灾害（气候、病虫害等）确定播种量，例如，豇豆种子粒大，用量多；大白菜等种子粒小，用量少。点播蔬菜播种量的计算公式如下：

种子使用价值=种子纯度（%）×种子发芽率（%）

播种量（g）=［种植密度（穴数）×每穴种子粒数］/（每克种子粒数×种子使用价值）

在生产实际中应视种子大小、播种季节、土壤耕作质量、栽培方式、气候条件等不同，在确定用种量时增加一个保险系数，保险系数从0.5～4不等。撒播法和条播法的播种量可参考点播法进行确定。

（二）播前处理

蔬菜种子播前处理可以促进出苗，保证出苗整齐，增强幼苗抗性，达到培育壮苗及增产的目的。

1. 浸种

浸种就是在适宜水温和充足水量条件下，促使种子在短时间内吸足从种子萌动到出苗所需的全部水量。有时候浸种还能在一定程度上起到消毒灭菌的作用。浸种的水温和浸泡时间是重要条件，根据浸泡的水温不同，可将浸种分为一般浸种、温汤浸种和热水烫种3种方法。

（1）一般浸种。也叫温水浸种，用温度与种子发芽适温相同的水浸泡种子，一般为25～30℃。只对种子起供水作用，无种子灭菌作用，适用于种皮薄、吸水快的种子。

（2）温汤浸种。先用55～60℃的温汤浸种10～15分钟，这期间不断搅拌，之后加入凉水，降低温度转入一般浸种。55℃是大多数病菌的致死温度，10分钟是在致死温度下的致死时间，因此，温汤浸种对种子具有灭菌作用，同时，还有增加种皮透性和加速种子吸胀的作用。

（3）热水烫种。将种子投入70～75℃或更烫的热水中，快速烫种3～5秒，之后加入凉水，降低温度至55℃进行温汤浸种7～8分钟，再进行一般浸种。该浸种法通过热水烫种，促进种子吸水效果比较明显，适用于种皮厚、吸水困难的种子，同时种子消毒作用显著。

生产中应根据种子特性选用浸种方法。另外，为提高浸种效率，也可对某些种子进行处理，如对种皮坚硬而厚的西瓜、丝瓜、苦瓜等种子进行胚端破壳，对附着黏质过多的茄子等种子进行搓洗、清洗等。

浸种时应注意以下几点：第一，种子应淘洗干净，除去果肉物质后再浸种；第二，浸种过程中要勤换水，一般每5~8小时换一次水为宜；第三，浸种水量要适宜，以种子量的5~6倍为宜；第四，浸种时间要适宜。

2. 催芽

催芽是将浸泡过的种子放在黑暗的弱光环境里，并给予适宜的温度、湿度和氧气条件，促其迅速发芽。催芽是以浸种为基础，但浸种后也可以不催芽而直接播种。催芽一般方法为：先将浸种后的种子甩去多余水分，包裹于多层潮湿纱布、麻袋片或毛巾中，然后在适宜的恒温条件下催芽，当大部分种子露白时，停止催芽。催芽期间，一般每4~5小时松动包内种子1次，每天用清水淘洗1~2次。

催芽后若遇恶劣天气不能及时播种，应将种子放在5~10℃低温环境下，保湿待播。有加温温室、催芽室及电热温床设施设备条件的应充分利用进行催芽，但在炎热夏季，有些耐寒性蔬菜如芹菜等催芽时需放到温度较低的地方。

3. 种子的物理处理

物理处理的主要作用是提高发芽势及出苗率，增强抗逆性，从而达到增产的目的。

(1) 变温处理。或称“变温锻炼”，即种子在破嘴时给予1天以上0℃以下的低温锻炼，可提高种胚的耐寒性，增加产量。把萌动的种子先放到-1~5℃处理12~18小时（喜温性蔬菜应取高限），再放到18~22℃处理6~12小时，如此经过1~10天或更长时间。锻炼过程中种子要保持湿润，变温要缓慢，避免温度骤变。锻炼天数，黄瓜为1～4天，前果类、喜凉菜类为1～10天。

（2）干热处理。一些瓜类茄果类等喜温蔬菜种子未达到完全成熟时，经过暖晒处理，可促进后熟，增加种皮透性，促进萌发和进行种子消毒。如番茄种子经短时间干热处理，可提高发芽率12%；黄瓜、西瓜和甜瓜种子经4小时（间隔1小时）50～60℃干热处理，有明显的增产作用。黄瓜种子干热处理（70℃，3天）后对角斑病的消毒效果良好。

（3）低温处理。某些耐寒或半耐寒蔬菜在炎热的夏季播种时，可于播前进行低温处理，解决出芽不齐问题。将浸种后的种子在冰箱内或其他低温条件下，冷冻数小时或十余小时后，再放置冷凉处（如地窖、水井内）催芽，使其发芽整齐一致。

4. 种子的化学处理

利用化学药剂处理种子有打破休眠、促进发芽、增强抗性及种子消毒等多方面作用。

（1）打破休眠。应用发芽促进剂如H_2O_2、硫脲、KNO_3、赤霉素等对打破种子休眠有效。如黄瓜种子用0.3%～1%浓度H_2O_2浸泡24小时，可显著提高刚采收种子的发芽率和发芽势；0.2%硫脲能促进莴苣、萝卜、芸薹属、牛蒡、茼蒿等种子发芽；用0.2%浓度的KNO_3处理种子可促进发芽；赤霉素（GA_3）对茄子（100毫克/升）、芹菜（66～330毫克/升）、莴苣（20毫克/升）以及深休眠的紫苏（330毫克/升）均有效。

（2）促进萌发出土。国内外均有报道，在较低温度下用25%或稍低浓度的聚乙二醇（PEG）处理甜椒、辣椒、茄子、冬瓜等出土困难的蔬菜种子，可使种子提前出土，且出土率提高。此外，用0.02%～0.1%硼酸、钼酸铵、硫酸铜、硫酸锰等微量元素溶液浸种，也有促进种子发芽及出土的作用。

（3）种子消毒。可用药剂拌种消毒，一般用药量为种子重量的0.2%~0.3%，常用杀菌剂有70%敌磺钠（敌克松）、50%福美双、多菌灵、克菌丹等，杀虫剂有90%敌百虫粉剂等。拌种时药剂和种子必须是干燥的，否则会引起药害和影响种子沾药的均匀度；拌过药粉的种子不宜浸种催芽，应直接播种，或贮藏起来待条件适宜时播种。

也可用药剂浸种消毒，浸种后催芽前，用一定浓度的药剂浸泡种子进行消毒，常用药剂有多菌灵、福尔马林、高锰酸钾、磷酸三钠等。应注意药液浓度与浸种时间，浸泡后用清水将种子上的残留药液清洗干净，再催芽或播种。如用100倍福尔马林（40%甲醛）浸种15~20分钟，然后捞出种子密闭熏蒸2~3小时，最后用清水冲洗；用10%磷酸三钠或2%氢氧化钠的水溶液浸种15分钟，捞出洗净，可钝化番茄花叶病毒。

另外，采用种衣剂包衣技术处理种子，有促进发芽、防病、壮苗的效果。如有试验研制的药肥复合型种衣剂能有效地防治茄果类蔬菜苗期病害，同时对促进幼苗生长作用明显。

（三）播种时期

播种期受当地气候条件、蔬菜种类、栽培目的、育苗方式等影响。

确定播种适期的总原则：使产品器官生长旺盛期安排在最适宜的时期。栽培方式不同，确定播种期也有不同，育苗的播期依据秧苗定植日期推算；设施栽培则更多考虑茬口安排，应使各茬蔬菜的采收初盛期恰好处于该蔬菜的盛销高价始期；露地栽培则将产品器官生长的旺盛期安排在气候条件（主要是温度）最适宜的月份。如茄果类蔬菜在浙江地区多于3月温度适宜时播种，大棚设施栽培则可于9月中下旬播种。

(四) 播种技术

1. 播种方式

主要有撒播、条播和点播（穴播）3种。

(1) 撒播。是将种子均匀撒播到畦面上，多用于生长迅速、植株矮小的速生菜类及苗床播种。撒播可经济利用土地面积，省工省时，但存在不利于机械化耕作管理、用种量大等缺点。

(2) 条播。是将种子均匀撒在规定的播种沟内，多用于单株占地面积较小而生长期较长以及需要中耕培土的蔬菜，如菠菜、芹菜、胡萝卜、洋葱等。条播便于机械播种及机械化耕作管理，用种量也减少。

(3) 点播。又称穴播，是将种子播在规定的穴内，适用于营养面积大、生长期较长的蔬菜，如豆类、茄果类、瓜类等蔬菜。点播用种最省，也便于机械化耕作管理，但存在出苗不整齐、播种用工多、费工费时等缺点。

2. 播种方法

播种一般有干播（播前不浇底水）和湿播（播前浇底水）两种方法。干播一般用于湿润地区或干旱地区的湿润季节，趁雨后土壤墒情合适，能满足发芽对水分需要时播种，干播后应适当镇压；如果土壤墒情不足，或播后天气炎热干旱，则需在播后连续浇水，始终保持地面湿润状态直到出苗。

浸种催芽的种子多采用湿播法，在干旱或土壤温度很低的季节，也最好用湿播法。播种前先把畦地浇透水，再撒种子，然后依籽粒大小，覆土0.5~2厘米。

3. 播种深度

播种深度关系到种子的发芽、出苗的好坏和幼苗生长，应根据种子大小、土壤温湿度及气候条件确定适宜深度。播种过深，延迟出苗，幼苗瘦弱，根茎或胚轴伸长，根系不发达；播种过浅，表土易干，不能顺利发芽，造成缺苗断垄。一般干旱地区，高温及沙质土壤，大粒种子播种宜深；黏质土壤、土壤水分充足的地块，小粒种子播种宜浅。喜光种子如芹菜等宜浅播种子的播种深度一般为种子直径的 2 ~3 倍，小粒种子一般覆土 0.5 ~1 厘米，中粒种子 1 ~3 厘米，大粒种子 3 厘米以上。

第五节　设施蔬菜育苗技术

育苗是蔬菜栽培的重要环节，也是蔬菜生产的一个特色，除了大部分根菜类和部分豆类、绿叶菜类蔬菜采用直播外，绝大多数蔬菜都适合育苗移栽。跟直播相比，育苗具有如下优势：提早播种，延长供应；争取农时，增加茬口；增加复种指数，提高土地利用率；便于集约管理，培育壮苗；节约用种，降低生产成本等。

一、设施常规育苗

为了争抢农时，合理安排茬口，蔬菜育苗经常会在气候寒冷的严冬与早春，或炎热多雨的盛夏与早秋，需设置保护设施，改善温、光、水、肥、气等环境条件。

（一）设施常规育苗的设施

主要有阳畦、温床、地膜覆盖、塑料大棚、温室、夏季遮阴设施等，不同设施的结构和性能有所差异。根据不同地区、不同季节的气候特点，因地制宜，选择经济适用的设施进行育苗。一般南方地区冬春季常用塑料大棚、地膜覆盖、酿热温床和电热温床等保温加温设施以抵御低温危害，夏季育苗则常用遮阳网、防虫网、草帘等来遮阴降温、防雨、防虫。

除保护地覆盖设施外，还应建配套的育苗床、移苗床，并配备各种育苗盘、育苗钵、岩棉育苗方块以及各种非土壤固体基质材料。

育苗床可用砖块砌成，或用聚苯乙烯（EPS）发泡材料加工成定型槽，床内铺一层塑料薄膜，填上基质作播种床，也可将基质直接填入育苗盘、育苗钵等容器进行容器育苗。

育苗容器包括不同规格的育苗盘或穴盘、各种规格的硬质或软质塑料钵。岩棉育苗有专用的育苗岩棉方块。基质的种类很多，常用的有泥炭、蛭石、珍珠岩、沙、岩棉、炉渣、碳化稻壳等，应注重就地取材。育苗用的营养液专用肥料也应配制齐备。

（二）设施常规育苗技术要点

本节主要介绍穴盘育苗的技术要点，该方式是目前最常用的设施育苗方式。

1. 设施设备

穴盘育苗是以草炭、蛭石等轻质材料作基质，利用穴盘播种育苗的方法，主要的设施为穴盘、基质、育苗床、肥水供给系统。

2. 穴盘、育苗基质及营养液的选择

（1）目前，使用的穴盘多为54.4厘米×27.9厘米，每个苗盘有32~648个孔穴等多种类型，其中，50、72、128、288和392孔穴盘最常用。番茄、茄子、黄瓜育苗多用50或72孔穴盘，辣椒、甘蓝、花椰菜等选用128孔穴盘，生菜、芹菜、芥菜等选用288孔穴盘。

（2）育苗基质一般以草炭、蛭石和珍珠岩为主，此外还有菌渣等。草炭最好选用灰鲜草炭，pH值5.0~5.5，养分含量高，亲水性能好。目前，国内绝大部分穴盘育苗采用草炭+

蛭石的复合基质，比例2：1或3：1。草炭和蛭石本身含有一定量的大量元素和微量元素，但不能满足幼苗生长的需要，在配制基质时应加入一定量的化学肥料。

（3）若采用草炭、生物有机肥料和复合肥合成的专用基质，育苗期间可只浇清水，适当补充大量元素即可，因此，营养液配方以大量元素为主，微量元素由育苗基质提供。此外生产上还用氮磷钾三元复合肥配成溶液后浇灌秧苗，子叶期浓度0.1%，一片真叶后用0.2%~0.3%的浓度。

3. 基质装盘及播种

育苗前对育苗场地、主要用具进行消毒，一般用50~100倍福尔马林或0.05%~0.1%的高锰酸钾对使用过的穴盘和育苗基质进行消毒，消毒后应充分洗净，以免伤苗。播种前几天，将育苗基质装入穴盘，等待播种；在寒冷季节，应在播种前使基质温度上升到20~25℃。为减少苗期病害，种子应经过消毒处理后再浸种催芽。播种前，用清水喷透基质，均匀撒播已催芽或浸种的种子，覆盖基质0.5~1厘米。

4. 苗期管理

（1）播种后管理。播种后应浇透水，冬季育苗应用薄膜覆盖苗盘增温保湿，出苗前可不浇水；夏季育苗出苗前要小水勤浇，保持上层基质湿润；出苗后至第一片真叶展开，要控水防止徒长，其后随植株生长，加大浇水量。苗期的营养供给可以通过定时浇灌营养液解决，若基质中已混入肥料则只浇清水，缺肥时叶面喷施0.2%的氮磷钾复合肥。

（2）成苗期。应加强温度和光照管理，及时降低温度以防徒长。喜温果菜白天25℃左右，夜间12~14℃；喜凉蔬菜白天20℃左右，夜间8~10℃。幼苗封行前，光照好，幼苗不易徒长，可适当通风，切忌通风过猛造成“闪苗”。幼苗封行后，幼苗基部光照变弱，空气湿度较大，易徒长，应经常清洁温室玻璃或薄膜，早揭晚盖覆盖物，增加光照，加强通风排湿或向畦面撒盖干土。

（3）定植前的秧苗锻炼。即定植前对秧苗进行适度的低温、控水处理，增强秧苗对不良环境的适应能力，并促进瓜果类蔬菜花芽分化。一般定植前7～10天，通过降温控水，加强通风和光照，进行炼苗。果菜类昼温降到15～20℃，夜温5～10℃；叶菜类白天10～15℃，夜间1～5℃。土壤湿度以地面见干见湿为宜，对于番茄、甘蓝等秧苗生长迅速、根系较发达、吸水能力强的蔬菜应严格控制浇水。对茄子和辣椒等水分控制不宜过严。

二、嫁接育苗

嫁接育苗是将栽培品种的幼苗、苗穗（即去根的蔬菜苗）或带芽枝段，接到另一野生或栽培植物的适当部位上，使其产生愈合组织，形成一株新苗。

（一）嫁接育苗的作用

蔬菜嫁接育苗的主要作用是减轻和避免土传病害，克服连作障碍。此外，通过选择适宜的砧木，可增强秧苗对逆境的适应能力，提高根系对肥水吸收能力，促进蔬菜的生长发育，从而达到提早收获、增加产量、改善品质的目的。

（二）嫁接砧木

嫁接育苗的关键是砧木选择，优良的砧木应具备以下条件：与接穗的嫁接亲和性强并且稳定；对蔬菜的土传病害具有免疫性或较强抗性；能明显提高蔬菜的生长势，增强抗逆性；对蔬菜的品质无不良影响或不良影响小。嫁接前，首先了解该蔬菜可供选用的砧木种类及其特点，根据栽培季节、栽培方式、土壤条件和品种类型选择适宜砧木。

（三）嫁接前的准备

1. 嫁接场地

蔬菜嫁接应在温室或塑料大棚内进行，场地内的适宜温度为25～30℃、空气相对湿度90%以上，并用遮阳网遮阳。

2. 常用嫁接工具

（1）刀片。用来切削蔬菜苗和砧木苗的接口，切除砧木苗的心叶和生长点。使用双面刀片。

（2）竹签（插签）。用来挑除砧木苗的心叶和生长点，对砧木苗茎插孔。一般用竹片自制，先将竹片切成宽0.5～1厘米、长5～10厘米、厚0.4厘米左右，再将一端（插孔端）削成如图4－2所示的形状，然后用砂布将竹签打磨光滑。插孔端长度约1厘米，粗度应与蔬菜苗茎的粗度相当或稍大一些。

（3）嫁接夹。用于固定嫁接苗的接合部位，目前多用塑料夹，此外还有套管、纸带等。

（4）其他。运苗箱、水桶、水盆、工作台、工作凳、塑料膜及拱棚支架等。

3. 砧木和接穗的培养

嫁接育苗的播种期应根据砧木和接穗种子萌发及幼苗生长速度，以及选用的嫁接方法而定。一般黄瓜接穗比黑籽南瓜砧木晚播3～5天；甜瓜、西瓜接穗比砧木晚播5～7天；番茄接穗比砧木晚播3～5天；茄子接穗应比赤茄砧木晚播7天，比托鲁巴姆砧木晚播25～30天。

（四）主要的嫁接方法及技术要点

蔬菜的嫁接方法比较多，常用的是靠接法、插接法和劈接法等。

1. 靠接法

靠接法也称舌接。选苗茎粗细相近的砧木和蔬菜苗进行嫁接，若两苗的茎粗相差太大，应错期播种。嫁接时分别将接穗和砧木苗带根取出，注意保湿；先将砧木苗心叶及生长点切除，在子叶节下 0.5～1 厘米处呈 20°～30°角向下斜切一刀，深度达胚轴直径 1/2；再取接穗苗，在子叶节下 1.5～2 厘米处呈 15°～20°角向上斜切一刀，深度达胚轴直径 2/3；然后将接穗和砧木的切口接合在一起，用嫁接夹固定；最后将砧木和接穗同时栽入营养钵中，保持两者根茎 1～2 厘米距离，靠接后 10 天左右伤口愈合，嫁接成活，从接口下部截断接穗根系。嫁接过程见图 2－1。

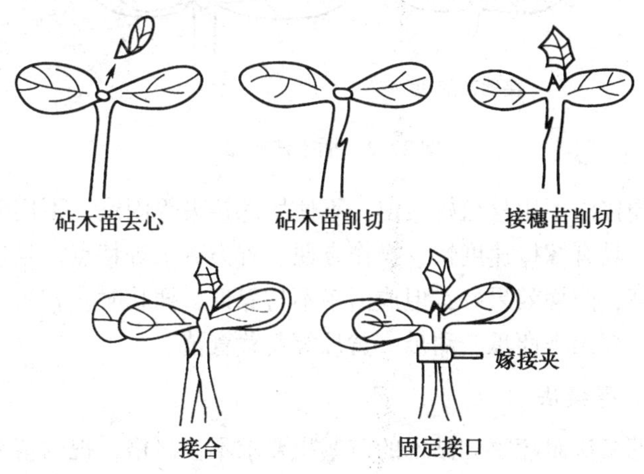

图 2－1　靠接法嫁接

靠接法接穗和砧木均带自根，嫁接成活率高，操作容易，但嫁接速度慢，成活后需要断茎去根，嫁接部位偏低，防病效果较差。黄瓜、甜瓜、番茄、丝瓜、西葫芦等应用较多。

2. 插接法

嫁接时除去砧木的生长点，用宽度不超过砧木胚轴直径的带尖扁竹签，紧贴一子叶基部内侧向另一子叶的下方斜插至表皮处（注意不要穿破胚轴表皮），插孔长约 0.6 厘米；将接穗从子叶节下约0.5厘米处，用刀片斜切下胚轴，切口约0.8厘米，再从背面切一刀，将接穗切成两段；将竹签从砧木中拔出后立即将接穗插入，外皮层相互对齐。嫁接过程见图2－2。

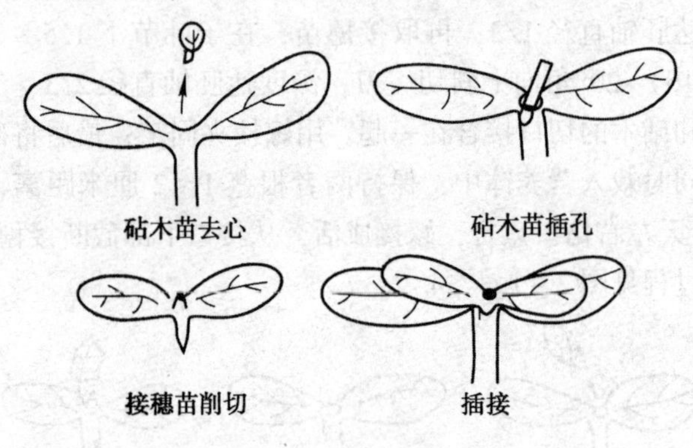

图2－2　插接法嫁接

插接法不用移植嫁接苗，不使用嫁接夹等固定，不用断茎去根，具有嫁接速度快、操作方便、省力省工等特点，且接口部位高，防病效果好；但成活率不易保证，插孔时，容易插破苗茎，多用于西瓜、甜瓜、黄瓜等蔬菜育苗。

3. 劈接法

劈接法对蔬菜和砧木的苗茎粗要求不甚严格，视两苗茎的粗细差异程度，一般又分为半劈接（砧木苗茎的切口宽度为苗茎粗度的1/2左右）和全劈接两种形式（图2－3）。瓜类蔬菜嫁接时先切除砧木的真叶和生长点，然后用刀片在胚轴中央或一侧垂直向下纵切，切口长1～1.5厘米；从接穗子叶下2～3厘米处向下斜切胚轴，切成楔形，切面长0.8～1厘米；最后将接穗插入砧木切口并用嫁接夹或塑料带固定。茄果类蔬菜嫁接过程基本相似，一般在砧木和接穗约5片真叶时嫁接。一般茄子砧木保留2片真叶，番茄砧木保留1片真叶，而接穗于第二片真叶处切断。嫁接过程见图2－4。

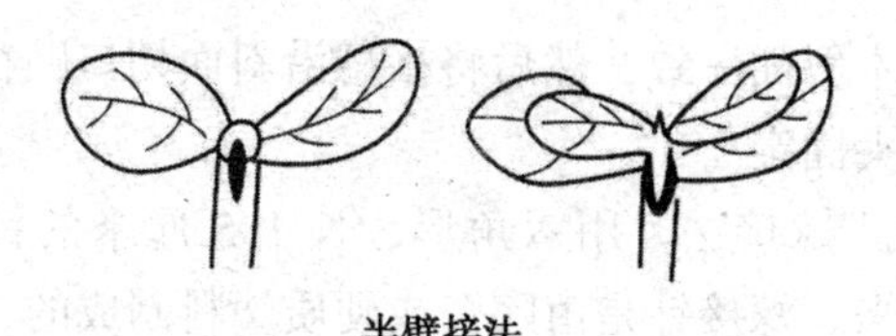

半劈接法

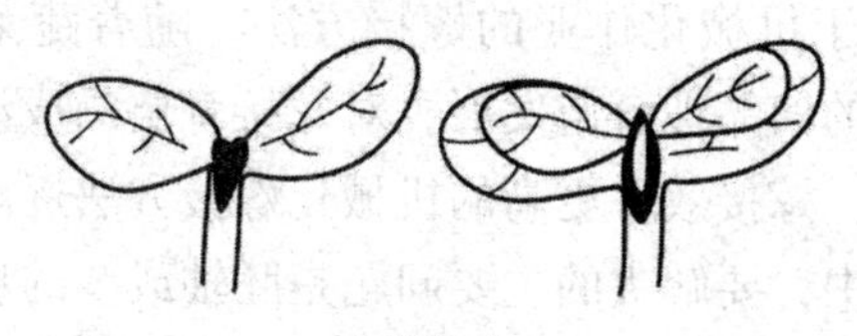

全劈接法

图 2－3　劈接法

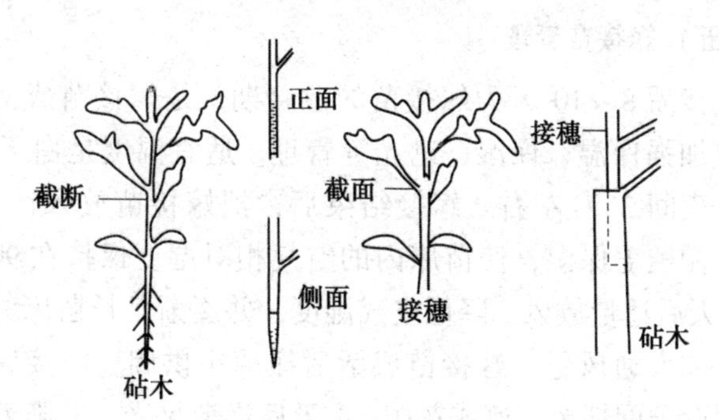

图 2－4　茄子劈接法

劈接法的嫁接部位较高，防病效果好。黄瓜劈接后管理困难，成活率较低；西瓜成活率较高，但嫁接速度慢，应用较少；茄子苗茎细硬，劈接嫁接成活率高，操作简便，主要采用此法。

4. 其他嫁接方法

（1）贴接法。又称斜切接法，砧木长到 5～6 片真叶时，留基部 2 片真叶，斜切去掉顶端，形成长 0.5～0.8 厘米的斜面，接穗在子叶下 0.8～1 厘米处向下斜切一刀，切口为斜面，大小应和砧木斜面一致，然后将接穗沿斜面切口贴在砧木切口上，用嫁接夹固定。

（2）针式嫁接法。用六角形、长 1.5 厘米的针将接穗和砧木连接起来。嫁接针是由陶瓷或硬质塑料制成的，在植株体内不影响植株的生长。

（3）适于机械化作业的嫁接方法。随着蔬菜育苗向规模化、工厂化的商品性育苗发展，对嫁接育苗的成活率和速度都提出了要求，嫁接效率更高的机械化嫁接方法逐渐形成。机械化嫁接过程中，要解决的主要问题是胚轴或茎的切断，砧木生长点的去除和砧、穗的固定方法，目前，国外有平斜面对接嫁接法、套管式嫁接法、平面智能机嫁接法等。

（五）嫁接苗管理

嫁接后 8～10 天为嫁接苗的愈合期，是嫁接苗成活的关键，应加强保温、保湿、遮光等管理。适宜温度是白天 25～30℃、夜间 20℃左右。嫁接结束后，把嫁接苗放入苗床内，用小拱棚覆盖保湿，使苗床内的空气相对湿度保持在 90%以上；3 天后适量放风，降低空气湿度，并逐渐延长苗床的通风时间，加大通风量，嫁接苗成活后撤掉小拱棚。嫁接后 3 天内，用遮阳网把苗床遮成花荫，4 天后逐渐见光，并随着嫁接苗的成活生长，逐天延长光照的时间，嫁接苗完全成活后撤掉遮阴物。

一般嫁接后第 7～10 天进行分床管理，把嫁接质量好、接穗苗恢复生长较快的苗集中到一起，在培育壮苗的条件下进行管理；把嫁接质量较差、接穗苗恢复生长也较差的苗集中到一起，继续在原来的条件下进行管理。靠接法嫁接苗在嫁接后的第 9～10 天选阴天或晴天傍晚断根，断根后的 3～4 天内要遮阴。应注意随时抹去砧木苗侧芽及接穗苗茎上的不定根，以利接穗正常生长。

三、育苗中常见问题及预防措施

在蔬菜育苗中，因天气及管理不当，秧苗常出现各种不正常生长现象，归纳如下。

（一）出苗不整齐

主要表现为出苗时间不一致或苗床内幼苗分布不均匀。前者主要由种子质量差、苗床环境不均匀、局部间差异过大或播种深浅不一致所致；后者主要由于播种不均匀、局部发生了烂种或伤种芽等造成的。预防措施：播种质量高的种子；精细整地，均匀播种，提高播种质量；保持苗床环境均匀一致；加强苗期病虫害防治等。

（二）戴帽苗

幼苗出土后，种皮不脱落而夹住子叶，俗称“戴帽”或“顶壳”，产生的主要原因有覆土过薄、盖土变干。预防措施：覆土厚度均匀适当；苗床底水要足，出苗前，床面覆盖地膜保湿；瓜菜播种时，种子要平放。

（三）沤根

幼苗根部发锈，严重时表皮腐烂，不长新根，幼苗变黄萎蔫，主要由苗床湿度大、温度低引起。预防措施：选择透气良好的土壤作苗床，提高地温；控制浇水，避免土壤湿度长时间过高；发生沤根后及时通风排湿，或撒施细干土或草木灰吸湿。

（四）烧根

幼苗根尖发黄，不发新根，但根不烂，地上部生长缓慢，矮小发硬，不发棵，形成小老苗。主要由施药量或施肥量过大、浓度过高或苗床过旱所致。预防措施：配制育苗土时不使用未腐熟的有机肥，化肥不过量使用并与床土搅拌均匀；科学合理用药，用药前苗床保持湿润；若产生药害，及时喷清水。

（五）徒长苗（高脚苗）

产生的主要原因是光照不足，夜间温度过高，氮肥和水分过多，苗床过密等。预防措施：增加光照，保持适当的昼夜温差；播种量适当，并及时间苗、分苗，避免幼苗拥挤；控制浇水，不偏施氮肥。

（六）老化苗

又称老僵苗、小老苗，定植后发棵慢，易早衰，产量低。主要由于苗床水分长时间不足和温度长时间过低，或蹲苗时间过长引起的。预防措施：严格掌握好苗龄，蹲苗时间长短要适度；蹲苗时低温时间不宜过长，防止长时间干旱造成幼苗老化。蹲苗时控温不控水。

（七）冻害苗

主要是由苗床温度过低引起的。预防措施：改进育苗手段，采用人工控温育苗如电热温床育苗等；通过加厚草苫、覆盖纸被、加盖小拱棚等措施加强夜间保温；适当控制浇水，合理增施磷肥，提高秧苗抗寒能力。

第六节　其他栽培技术

一、做畦技术

做畦一般跟土壤耕作结合进行，在土壤耕翻后，根据栽培需要确定合理的菜畦类型及走向，按照栽培畦的基本要求做畦。

（一）畦的走向

畦的走向直接影响植株的受光、光在冠层内的分布、通风情况、热量、地表水分等，应根据地形、地势及气候条件确定合理的畦向。在风力较大地区，畦的方向应与风向平行，利于畦间通风及减少台风危害；地势倾斜的地块，应以有利于保持土壤水分和防止土壤冲刷为原则来确定畦向。当植株的行向与栽培畦的走向平行时，南方地区蔬菜栽培则多采用南北走向做畦，可使植株接受更多的阳光和热量。

（二）畦的基本要求

第一，土壤要细碎。整地做畦时，保持畦内无坷垃、石砾、薄膜等各种杂物，土壤必须细碎，这样有利于土壤毛细管的形成和根系吸收。

第二，畦面应平坦。平畦、高畦、低畦的畦面要平整，否则浇水或雨后湿度不均匀，导致植株生长不整齐，且低洼处易积水。垄的高度要均匀一致。

第三，土壤松紧适度。为了保证良好的保水保肥性及通气状况，做畦后应保持土壤疏松透气，但在耕翻和做畦过程中也需适当镇压，避免土壤过松，大孔隙较多，浇水时造成塌陷，从而使畦面高低不平，影响浇水和蔬菜生长。

二、定植技术

在设施培育的蔬菜幼苗长到一定大小后，将其从苗床中移植到菜地的过程，称为定植。科学合理的定植技术能促进幼苗定植后迅速缓苗，保证蔬菜良好的生长，为优质、高产打下基础。

（一）定植前的准备

在定植前应该做好土地和秧苗的准备工作。整地做畦后定植前，按照确定的行株距开沟或挖定植穴，施入适量腐熟的有机肥和复合肥，与土拌匀后覆层细土，避免定植后秧苗根系与肥料直接接触。选择适龄幼苗定植，苗过小不易操作，过大则伤根严重，缓苗期长。一般叶菜类以幼苗具5~6片真叶为宜；瓜类、豆类根系再生能力弱，定植宜早，瓜类多在5片真叶时定植，豆类在具两片对称子叶，真叶未出时定植；茄果类根系再生能力强，可带花或带果定植，但缓苗期长。定植前对秧苗进行蹲苗（适当控制浇水）锻炼，可提高其对定植后环境条件的适应，减少缓苗期。

（二）定植时期

由于各地气候条件不同，蔬菜种类繁多，各地应根据气候与土壤条件、蔬菜种类、产品上市时间及栽培方式等来确定适宜的播种与定植时期。设施栽培的定植时期主要考虑产品上市的时间、幼苗大小、土地情况及设施保温性能而定。

（三）定植密度

定植密度因蔬菜的株型、开展度以及栽培管理水平、环境条件等不同而异。合理密植就是在保证蔬菜正常生长发育前提下，尽量增加定植密度，充分利用光、温、水、土、气、肥等环境条件，提高蔬菜产量及品质。在同等气候及土壤条件下，爬地生长的蔓生蔬菜定植密度应小，搭架栽培密度则应大；丛生的叶菜类和根菜类密度宜小；早熟品种或栽培条件不良时，密度宜大，而晚熟品种或适宜条件下栽培的蔬菜密度应小。

（四）定植方法

在适宜的定植时期，根据定植密度，选择适宜的时间进行定植，定植方法有明水定植法与暗水定植法。

1. 明水定植法

先按行、株距挖穴或开沟栽苗，栽完苗后及时浇定根水，这种定植方法称为明水定植法。该法浇水量大，地温降低明显，适用于高温季节。

2. 暗水定植法

分为“座水法”和“水稳苗法”两种。

(1) 座水法。按株行距开穴或开沟后先浇足水，将幼苗土坨或根部置于泥水中，水渗下后再覆土。该定植法速度快，还可保持土壤良好的透气性，促进幼苗发根和缓苗等作用。成活率较高。

(2) 水稳苗法。按株行距开穴或开沟栽苗，栽苗后先少量覆土并适当压紧、浇水，待水全部渗下后，再覆盖干土。该法既能保证土壤湿度要求，又能增加地温，利于根系生长，适合于冬春季定植，一般秧苗、带土移栽及各种容器苗定植多采用此法。

栽植时应注意：一是尽量多带土，减少伤根；二是栽植深浅应适宜，一般以子叶下为宜，如黄瓜“露坨”，茄子“没脖”，“深栽茄子，浅栽蒜”等，在潮湿地区不宜定植过深，避免下部根腐烂；三是选择合适定植时间，一般寒冷季节选晴天，炎热季节选阴天或午后。

（五）定植后的苗期管理

幼苗定植到大田后，因根部受伤，影响水分和养分的吸收，生长会有一段停滞期，待新根发生后才恢复生长，这一过程称“缓苗”。缓苗时间的长短对早熟、丰产有重要意义，越快越好，不缓苗最佳。为此生产上对定植后的苗期管理比较重视，采取相应措施缩短缓苗期。瓜类可采用塑料杯、营养土块、营养钵育苗等保护根系，减少定植时伤根，缓苗快；移植时尽量多带土，少伤根；栽植后遇太阳过强应遮阴，若遇霜冻可采取覆土、熏烟或灌水等措施防冻；缓苗前注意浇水促进成活。此外，生产中还应准备一定后备苗，以备缺苗时补植所用。

三、设施蔬菜水肥一体化技术

（一）技术特点

该技术将设施蔬菜生产过程的水、肥环节加以科学有效地耦合，按照不同作物、不同生育期和不同生长季节的水、肥需求特点，进行科学管理，在提高作物产量、改善果实品质的前提下，降低设施内部的空气湿度和设施土壤的盐分积累，达到设施蔬菜的高产优质栽培。

这项技术的优点是灌溉施肥的肥效快，养分利用率提高。可以避免肥料施在较干的表土层易引起的挥发损失、溶解慢，最终肥效发挥慢的问题；尤其避免了铵态和尿素态氮肥施在地表挥发损失的问题，既节约氮肥又有利于环境保护。同时，大大降低了设施蔬菜中因过量施肥而造成的水体污染问题。由于该技术进行了科学合理的水、肥管理，减少了化肥用量，降低了设施蔬菜病虫害发生，在提高产量的同时，有效地改善了产品品质，提高了设施蔬菜产品的安全性。

（二）技术原理

水肥一体化技术是将灌溉与施肥融为一体的农业新技术。水肥一体化是借助压力系统（或地形自然落差），将可溶性固体或液体肥料，按土壤养分含量和作物种类的需肥规律和特点，配对成的肥液与灌溉水一起，通过可控管道系统供水、供肥，使水肥相融后，通过管道和滴头形成滴灌，均匀、定时、定量浸润作物根系发育生长区域，使主要根系土壤始终保持疏松和适宜的含水量。同时，根据不同蔬菜的需肥特点，土壤环境和养分含量状况，蔬菜不同生长期需水、需肥规律情况进行不同生育期的需求设计，把水分、养分定时定量，按比例直接提供给作物。

（三）具体操作

水肥一体化是一项综合技术，涉及农田灌溉、作物栽培和土壤耕作等多方面，其主要技术要领须注意以下4方面。

1. 建立滴灌系统

在设计方面，要根据地形、田块、单元、土壤质地、作物种植方式、水源特点等基本情况，设计管道系统的埋设深度、长度、灌区面积等。水肥一体化的灌水方式可采用管道灌溉、喷灌、微喷灌、泵加压滴灌、重力滴灌、渗灌、小管出流等。特别忌用大水漫灌，这容易造成氮素损失，同时，也降低水分利用率。

2. 施肥系统

在田间要设计为定量施肥，包括蓄水池和混肥池的位置、容量、出口、施肥管道、分配器阀门、水泵肥泵等。

3. 选择适宜肥料种类

可选液态或固态肥料，如氨水、尿素、硫铵、硝铵、磷酸一铵、磷酸二铵、氯化钾、硫酸钾、硝酸钾、硝酸钙和硫酸镁等肥料。固态以粉状或小块状为首选，要求水溶性强，含杂质少，一般不应该用颗粒状复合肥（包括中外产品）。如果用沼液或腐殖酸液肥，必须经过过滤，以免堵塞管道。

4. 灌溉施肥的操作

（1）肥料溶解与混匀。施用液态肥料时不需要搅动或混合，一般固态肥料需要与水混合搅拌成液肥，避免出现沉淀等问题。

（2）施肥量控制。施肥时要掌握剂量，注入肥液的适宜浓度大约为灌溉流量的0.1%。例如，灌溉流量为50立方米/亩，注入肥液大约为50升/亩*，过量施用可能会使作物致死

* 1亩≈667平方米，全书同

以及环境污染。

(3) 灌溉施肥的程序。分 3 个阶段：第一阶段，选用不含肥的水湿润；第二阶段，施用肥料溶液灌溉；第三阶段，用不含肥的水清洗灌溉系统。

四、环境调控技术

(一) 春茬栽培

大棚蔬菜春茬栽培的播种和定植期正处于低温弱光期，而且大棚单层塑料薄膜覆盖与露地相比增温有限，故给生产带来较大难度，因此，大棚春茬栽培中应主要掌握以下技术要点。

1. 适当提早播种育苗

塑料大棚蔬菜春茬栽培播种依据塑料大棚的保温性能及市场需求而定。在栽培喜温果菜类蔬菜的情况下，一般将塑料大棚内最低气温稳定高于 8℃时作为定植期，然后根据不同蔬菜作物的苗龄需要，确定播种育苗期，一般适宜的播种育苗时间为 12 月上旬至翌年 2 月中旬。

2. 适当密植

为了提高蔬菜作物早期产量，以获得最大的收益，大棚春茬栽培应适当增加种植密度。

3. 保温降湿

保温以覆盖为主，而降湿则以通风为主，两者存在一定的矛盾，因此，在管理上要加以协调。一般以温度为主要因素，根据外界气候条件灵活调控。如棚内湿度过大时，只要温度不低于 10℃，可在中午前后采取通风降湿措施；但若湿度不是很大，则应该加强保温措施，尽可能使大棚内的温度维持在 20 ~ 25℃，以满足蔬菜生长发育的需求。

4. 增加光照

冬季或初春时节光照较弱，大棚栽培采取多层覆盖使棚内光照更弱，早春光照多处于喜光作物生育的低限，若遇连续阴雨天气，自然光照度就无法保证蔬菜作物生长的需要。所以，大棚春茬栽培应尽量让植株接受较多的光照，白天要减少覆盖的层数，保温材料要早揭晚盖，低温冰冻雨雪天气也应在中午前后照光数小时。

5. 促进产品器官形成

塑料大棚春茬栽培作物多为果菜类蔬菜，这些蔬菜的产品器官是果实，开花结实需要适宜的温度、充足的光照、有效的积温等光温条件，如果这些条件不能满足，则不能开花或开花不坐果。因此，要采取有效的措施使果菜类蔬菜能正常开花坐果，在环境方面主要应使整个栽培过程保持适宜的大棚温度、较低的湿度、较强的光照，在达不到适宜环境条件下可适当使用植物生长调节剂等防止果菜类蔬菜落花。

（二）秋茬栽培

该茬蔬菜育苗期外界温度较高，光照较强，蒸发量大，一般应利用遮阳网覆盖，加大通风降温，利用水分调控，防止幼苗徒长，培育健壮幼苗。也可采用直播方法进行生产。直播是在前茬作物收获前 20 天左右，在前茬作物的栽培垄上按照欲栽培作物的要求直接播种，原则上待幼苗生长受到前茬作物空间及光照影响时，清除前茬作物，浇水施肥，中耕培土，促进植株生长。随着温度降低，喜凉蔬菜应加大水肥，促进植株产品器官生长；喜温蔬菜应及时覆盖保温材料，注意防寒保温。

（三）冬春茬栽培

增温补光和除湿是冬春茬蔬菜丰产的关键，尤其是要做好保温措施，预防冷害和冻害发生。

1. 增温措施

(1) 多层覆盖。据观测，在塑料大棚内套小拱棚，可使小拱棚内的气温提高2~4℃，地温提高1~2℃；在大棚中采用塑料薄膜做成二层幕，于夜间覆盖，可使棚内气温、地温平均提高1~2℃；在大棚四周覆盖一层1米高的无纺布、气泡膜等，亦可使棚温提高1~2℃。

(2) 覆盖地膜。覆盖地膜一般可使10厘米处地温平均提高2~3℃，地面最低气温提高1℃左右。同时，由于地膜不透气，可抑制水分蒸发，减少浇水次数，间接提高地温。

(3) 起垄栽培。高垄表面积大，白天接受光照多，从空气中吸收的热量也多，因而升温快。但垄不宜过高、过宽，一般以高15~20厘米、宽30厘米左右为宜。

(4) 保持棚膜清洁，增加进光量。棚内的热量主要来自太阳辐射，当阳光透过棚膜进入棚内时，由于“温室效应”，使一部分光能转化为热能。而棚膜上的水滴、尘物等对棚内光照条件影响很大。

(5) 科学浇水。冬季棚菜浇水，要做到“五浇五不浇”，即浇晴不浇阴（晴天浇水，阴天不浇水），浇前不浇后（午前浇水，午后不浇水），浇小不浇大（浇小水，不大水漫灌），浇温不浇凉（冬季水温低，浇水时要先在棚内预热，待水温与地温接近时再浇），浇暗不浇明（浇暗水，不浇明水）。

2. 增光措施

(1) 建造合理棚型。合理的棚型是影响棚内光照强度的重要因素。应建造采光强度大、立柱比较少、土地利用率比较高的棚型。

(2) 使用优质棚膜。选用优质棚膜是高产优质的基础。市场上棚膜种类很多，应选用透光率高、保温性能好、无滴持效期长的薄膜。

（3）定期清扫棚面。每天早上应将棚膜清扫一遍。若人手不够，至少每2~3天清扫一次。棚膜内壁要经常用干净的抹布擦拭。

（4）喷施无滴剂。聚乙烯棚膜特别是普通膜，往往挂有较大水滴，严重影响棚内透光。喷施无滴剂后可消除水滴，增加透光。

（5）张挂反光幕。反光幕是一种镀铝的聚酯膜，具有很高的反光性能。通过张挂反光幕可增加棚内的光照强度，改善棚内的光照分布，这种方法投资少，简单易行，见效快。

（6）延长光照时间。天气正常情况下，要尽量早揭晚盖草苫以增加光照。阴天的散射光也可增光，只要温度下降不严重就要揭开草苫。

（7）补充光照。遇到连阴天会严重影响棚内植物的正常生长，这时就要考虑利用人工照明的方法来补充光照。一般可在棚内悬挂生物效应灯，既可补充光照，又能提高棚内温度。

第三章　果菜类蔬菜的设施栽培技术

第一节　茄果类蔬菜设施栽培技术

茄果类蔬菜包括番茄、茄子、辣椒等，在植物学上属茄科植物。茄果类蔬菜原产热带地区，性喜温暖，不耐寒冷也不耐炎热，温度低于10℃生长停滞，超过35℃植株容易早衰。在生产上通常作一年生栽培，在没有霜冻的南方或在温室、大棚中可进行多年生栽培，这类蔬菜适应性较强，生长健壮，结果期长，产量高，适合露地和保护地栽培。

一、番茄设施栽培技术

番茄为茄科番茄属中以成熟多汁浆果为产品的草本植物，别名西红柿、洋柿子、柿子、番柿，起源于南美洲的安第斯山地带的秘鲁、厄瓜多尔、玻利维亚等地。至今仍有大量的野生种分布，是全世界栽培最为普遍的蔬菜之一。可以生食、熟食、加工番茄酱、果汁或整果罐头。

（一）植物学性状

1. 根

移栽的番茄主根群分布在30～50厘米的土层中。番茄根系再生能力很强，不仅在主根上易生侧根，在根颈或茎上，特别是茎节上很容易发生不定根，而且伸展很快。在良好的生长环境下，不定根发生后4～5周即可长达1米左右，所以，番茄移植和扦插繁殖比较容易成活。

2. 茎

番茄茎的丰产形态：节间较短，茎上、下部粗度相似。徒长株（营养生长过旺）节间过长，往往从下至上逐渐变粗，老化株相反，节间过短，从下至上逐渐变细。

3. 叶

番茄叶的丰产形态：叶片似长手掌形，中肋及叶片较平，叶色绿，叶片较大，顶部叶正常展开。生长过旺的植株叶片呈长三角形，中肋突出，叶片浓绿，叶大。老化株叶小、暗绿或浓绿色，顶部叶小型化。

4. 花

完全花，总状花序或聚伞花序，花小，黄色，为合瓣花冠，花药5～9枚，呈圆筒状围住柱头。自花授粉，天然杂交率为4%～10%。番茄花柄上有一明显凹陷圆环，称为离层，在环境条件不适时，便形成断带引起落花。

5. 果实

为多汁浆果果实，形状有圆球形、扁圆形、卵圆形、梨形、长圆形，桃形等，颜色有红色、粉红色、橙黄色、黄色等，果肉由果皮及胎座组织构成，优良的品种果肉厚，种子腔小。心室数因品种而异，多少不一。

6. 种子

扁平略呈卵圆形，种皮灰黄色，表面有茸毛。种子比果实成熟早，一般情况下，开花授粉后35天种子具有发芽力，但胚的发育是在授粉后40天左右完成，种子完全成熟是在授粉50～60天。种子千粒重2.7～3.3克，生产上实用年限为2～3年。

（二）生长发育周期

1. 发芽期

从种子萌发到第一片真叶出现为番茄的发芽期。正常条件下7~9天。萌动的种子进行低温（0~2℃）或变温（8~12小时，20℃，12~16小时，0℃）处理，可获得出土一致的幼苗，促进早熟。

2. 幼苗期

由第一片真叶出现至开始显大蕾为幼苗期。这一时期幼苗经历两个生长阶段：真叶破心至2~3片真叶展开为基本营养生长阶段，该期的营养生长为下一阶段花芽分化打下基础。子叶大小直接影响第一花序分化的早晚，真叶大小直接影响花芽的分化数目及质量。第二阶段从2~3片真叶开始，一般2~3天分化一个花芽，分化具有连续性，当第一花序显大蕾时，第三花序已完全分化。

3. 开花坐果期

从第一花序出现大蕾到坐果这段时间为开花坐果期。此期营养生长和生殖生长的矛盾突出，是协调两关系的关键时期。注意通过合理的栽培手段使二者协调生长，达到增产增收的目的。

4. 结果期

从第一花序坐果期到拉秧为结果期。该期是栽培管理、病虫害防治的重要时期。

（三）对环境条件的要求

1. 温度

番茄为喜温蔬菜，在正常条件下，同化作用的最适温度为20~25℃。但不同时期对温度的要求是不同的，种子发芽的适温为20～25℃；幼苗的白天适温是20～25℃，夜间10～15℃；结果期白天适温为25～28℃，夜间15～20℃。番茄根系生长最适土温为20～22℃。

适温的高低与其他生活条件，特别是光照、营养及二氧化碳有密切的关系。尤其积温对蔬菜的生长很重要。

2. 光照

番茄是喜光作物，在一定范围内，光照越强，光合作用越旺盛，光饱和点为7万勒克斯，在栽培中一般应保持3.0万～3.5万勒克斯的光照度。番茄发芽期不需要光照。

3. 水分

番茄属于半耐旱蔬菜，即需要较多的水分，又不必经常大量灌溉，对空气相对湿度要求45%～50%。幼苗期土壤含水量可保持田间持水量的60%～70%，盛果期土壤含水量可保持田间持水量的60%～80%。

4. 土壤及矿质营养

番茄适应性较强，对土壤条件要求不太严格，但以土层深厚、排水良好、富含有机质的肥沃壤土为宜。pH值以6～7为宜。番茄的生长发育过程中，需从土壤中吸收大量的营养物质，据艾捷里斯坦资料，生产5 000千克果实，需从土壤中吸收氧化钾33千克，氮10千克，磷5千克。

（四）大棚春茬番茄栽培技术

利用大棚种植番茄定植期可以提早1个月，秋季栽培可以延后1个月，延长了番茄的生长期和结果期。

1. 品种的选择

大棚早熟栽培的品种要求耐低温性强，在较低温度下能正常生长，结果坐果率高、耐弱光，能在光照较差的情况下正常生长发育。植株具有叶片小，坐果集中、分枝性弱、株型紧凑，适于密植、抗病性强的品种。

2. 培育壮苗

壮苗标准：日历苗龄65~70天，苗高20厘米，真叶8~9片，叶厚浓绿色，茎粗0.5厘米，第一花序普遍现蕾。哈尔滨地区一般在1月下旬至2月初在温室内育苗。如果采用大棚加小棚或大棚加微棚的两层覆盖栽培，播种期应适当提前。

（1）床土的配制。育苗土一般选用要求未施用过除草剂的大田土或葱地土加腐熟的有机肥，用量为土、腐熟鸡粪或猪粪与腐熟马粪按4∶3∶3的比例拌匀，另外，每100千克床土加20克氮、磷、钾复合肥混匀。床土过筛，经筛的床土，细而均匀，便于播种，有利于种子发芽及出土。

（2）播种与育苗。

①种子消毒与浸种。一是用高温晒种，种子在高温下瞭晒2~3天，可杀死种子表面病菌。二是用热水烫种，可用55~60℃热水烫种15分钟进行种子消毒。然后20~30℃热水浸种4~6小时后催芽或播种。三是药剂消毒，用种子量的0.2%~0.3%五氯硝基苯拌种预防番茄猝倒病；用10%磷酸三钠或2%氢氧化钠浸种20分钟钝化病毒；用福尔马林100倍液浸种10~15分钟，取出用清水漂洗干净后进行催芽播种，种子经处理后再进行播种，对早、晚疫病有一定预防作用。

②播种。用育苗盘装入营养土或基质，或采用苗床直播，床土6~8厘米厚，表面平整后将种子均匀播上，浇透底水（40%种病灵500倍液温水浇透），每平方米用种子30克左右，覆土厚度0.8~1厘米。覆地膜，并加盖地膜等。总之，要求温度保持在25~30℃。在1月播种育苗，是全年温度最低，光照最弱，光照时间最少的时期，可在温室中铺设电热线，将育苗箱放在电热线上。

③分苗。2片子叶一心叶至第一片真叶充分展开时分苗。

几种分苗方法：塑料钵分苗法：（8～10）厘米×（8～10）厘米×（6～8）厘米。塑料袋法：废旧塑料膜做成（8～10）厘米×8 厘米。纸带法：（8～10）厘米×8 厘米纸筒。营养土块法：（8～10）厘米×8 厘米。

（3）苗期管理。番茄育苗可采取二次或三次分苗育苗法，也可采取一次育苗法，如果采取一次成苗，可在苗床生长期间分为 4 个时期，即出苗期、破心期、旺盛生长期和炼苗期。

①出苗期的管理。从播种到子叶微展即为出苗期，约 3 天，为了促进苗快而整齐，必须维持较高的湿度和控制较高的温度。出苗前，白天保持 30℃左右高温，夜间 24～25℃为宜，床土温度不能低于 20℃。出苗后降温，防止幼苗徒长，温度控制以白天可升至 25～26℃，夜间可降至 17～18℃。为保持土壤湿润，在床温不过高的情况下，一般不宜揭除覆盖物。

②破心期的管理。从子叶微展到第一片真叶展出即为破心期，约 4 天。为了在此期不形成高脚苗并促进先长根，主要采取控制措施。首先在确保秧苗不受冻的情况下，尽可能多见阳光。其次，是适当降低温度，白天控制在 16～18℃，夜间 12～14℃。再次是控制浇水，降低床土温度。此外，秧苗拥挤时应及时间苗。

③旺盛生长期的管理。幼苗破心期后即生长加快进行旺盛生长期。为了使营养生长与生殖生长协调进行，应采取促控结合的管理措施。主要是提供适宜的温度、较强的光照、充足的水分和养分。控制昼夜气温分别为 20～24℃、14～15℃；昼夜地温为 16～18℃、12～14℃。维持床土呈半干半湿状态。在床土缺肥的情况下，可结合浇水喷 2～3 次营养液，营养液应注意氮、磷、钾三要素的配合，三者的总浓度不要超过 0.2%。这里介绍一个营养液配方供参考应用。即尿素 50 克、硫酸钾 80 克、磷酸二氢钾 50 克，加水 100 千克，溶液浓度为

0.18%。还可以采用氮、磷、钾专用复合肥配制。如秧苗徒长，可喷施50毫克/升多效唑或采取松土断根等措施。

④炼苗期的管理。定植前6~7天即可进行炼苗。主要是采取控制措施，包括控湿降温、揭除覆盖物等。必要时可使床土露白或有意松土断根。

3. 整地施肥

番茄早熟栽培应该施足底肥和早整地。番茄是连续结果的蔬菜，底肥必须充足，每公顷施优质腐熟农家肥75 000~150 000千克、过磷酸钙375千克左右，土地进行秋深翻20~30厘米。为了提高地温，大棚早春栽培番茄时，在定植前20天要扣棚烤地。使用耐低温抗老化聚乙烯薄膜，头年秋天扣棚，地化冻后进行耙地，接着作垄或作畦，垄宽50~60厘米，畦宽1米。

4. 适期定植

（1）定植时期。大棚春番茄的定植期，应根据大棚内的小气候来定，当10厘米地温稳定在10℃以上，最低气温在0℃以上，并能稳定5~7天时，即可定植。哈尔滨地区一般在4月20日左右定植，如采用临时加温或其他保温措施，如大棚内套小棚，外围草苫，增加二层薄膜或使用热风炉等其他方法，定植期可提前7~10天。

（2）定植和密度。大棚番茄不宜采用平栽后起垄的定植方法，这样不利于提高地温，应采用高畦地膜覆盖和垄栽。畦栽时，苗坨土面与畦面平，垄栽的苗坨土面应低于垄面，底水不宜过大，防止降低土温，栽培密度要根据品种确定，要保证单位面积的产量必须保证单位面积以上的一定果穗密度。根据番茄丰产栽培经验，早熟品种密植栽培的适宜果穗密度为20~25个/平方米，中晚熟品种大架栽培的25~30个/平方米。早熟品种株行距（50~60）厘米×（15~30）厘米，每亩保苗株数3 500～4 000株，中晚熟品种株距33～36厘米，每亩保苗3 000～3 300株。

5. 定植后的管理

（1）温度、湿度管理。结果前期，从定植到第一穗果膨大，管理的重点是促进缓苗，防冻保苗，定植后3～4天内，棚内不通风，尽量升温，加快缓苗，白天棚内温度保持25～30℃，夜间温度保持17℃。大棚番茄定植缓苗后10天左右，第一花序即可开花结实。为使开花整齐、不落花，确保前期产量，要控制植株的营养生长，应调节好植株与果实的生长平衡。采取降低棚温和控水的办法，白天棚温20～25℃，夜温13～15℃较为适宜，最高温度也不要超过30℃，浇过缓苗水以后，及时中耕2～3次。深度3～6厘米，即可蹲苗，如果土壤墒情不好，可在第一花序果实达到黄豆粒大时，再浇1次水，千万不要在开花时浇1次大水，以免使细胞膨压的突然改变而造成落花，此时空气也要保持干燥，空气相对湿度保持在45%～55%，地温控制在15℃以上。如果气温低，地温也低时，茎就长得扁粗，叶色浓绿，畸形果增加。一般地温只有13℃，大棚内的气温可降低到10℃左右，不能再低。

气温与地温的协调控制也是大棚温度管理的关键环节，气温越低，越要保持较高的地温，主要采取的措施有及时整枝打杈，阴雨天不能浇水等，防止土温降低。

开花期要防止30℃以上的高温，因番茄花粉萌发的适宜温度在20～30℃，即使棚温达到35℃的短期高温，也会使花粉和胚珠的正常发育受到影响，造成开花结果不良。

果实膨大期要求有足够时间的较高温度，要求平均积温在500℃以上，温度日较差12～14℃，最低气温在（15±3）℃为宜。白天棚内气温25～26℃，夜间气温15～17℃，可加速同化物质的流转速度，昼夜适宜地温在20～23℃。可采用分段管理温度，促进果实肥大，上午控制通风，使棚内温度达到25～28℃，中午通风，保持20～25℃，午后3小时左右，减少通风量，使气温稳定，17～20时，棚内保持14～17℃，晚20时至第二天早8时棚内保持6～7℃为宜。

大棚内的空气相对湿度最好控制在45%～55%，对盛果期尤为重要，主要方法是加大通风量，天窗和侧窗的通风口需要都打开，通风口总面积不能低于整个棚面20%，当外界气温不低于15℃时，可昼夜通风，6月上旬外界气温升高，棚内可放底风。

盛果期的棚温30℃以上时，影响果实着色，因为番茄红色素形成的适温为20～24℃，高温使其养分分解，当果实膨大变白时，果实心部已开始变红，这时棚温不要高于25℃。

番茄对光照反应敏感，光照弱或时间不足常引起落花、落果或果实不发育，据研究，果实肥大期平均日照时数不足7小时产量偏低，达到10小时产量较高。棚内光照保持4万～7万勒克斯的强度达7小时以上，才能有正常的产量。

（2）肥水管理。定植时浇透定植水后，3～5天再浇一次缓苗水，此后直到第一穗果开始膨大，应以保墒为主，适当蹲苗。第一穗果第一果开始膨大后，再开始灌水，此后应保持土壤湿润，使土壤含水量维持在70%～80%（pH值2.3～2.5）。灌水指标为：每亩一次灌水量为20～30吨，灌水间隔7～14天。浇水应选择晴天上午，浇时应浇透，覆盖地膜的更应浇透。浇水后闭棚提温，次日上午和中午要及时通风排湿。生育前期主要采取地膜下沟灌或滴灌，地膜不覆盖隔沟灌水，以防空气湿度过大。生育后期大放风时才可在全部沟内灌。

第一穗果第一果长至核桃大小时，开始进行第一次追肥，每亩追磷酸二氢铵20千克，追后及时灌水。第二、第三穗果迅速膨大期要追3次肥，每次追施尿素4.3千克，硫酸钾10

千克，除此之外，还可进行叶面喷肥，每 8～10 天喷 1 次 0.5% 磷酸二氢钾效果更好。

（3）植株调整。高温、高湿、弱光是大棚的小气候特点，在这种气候条件下，容易引起番茄茎叶过于繁茂，侧枝大量发生，形成“疯秧”，造成结果不良，果小、品质差、成熟晚，因此要及时整枝打杈，协调好生殖生长（花果）与营养生长（茎叶）的关系，控制徒长。

①整枝打杈。早熟密植栽培一般每株留 2～3 穗果，实行单干或一干半整枝，有的地区采用改良式整枝法，大架栽培无限类型品种实行单干整枝可留 4～5 穗果，有时一茬到底，栽培多半不摘心，一直延到下霜，打杈要及时，做到“打早、打小、打了”的原则，防止营养浪费。但第一次打杈不能过早，一般当杈子长足 3 厘米时进行打杈。

②疏花疏果。为了使坐果整齐，生长速度均匀，可进行适当的疏花疏果，每穗保留 3～5 个大小相似、果形好的果实，疏去过多的小果，可以显著提高商品质量和商品果产量。

③及时搭架绑蔓。目前，生产上多采用聚丙烯撕裂绳吊蔓、在行的正上方拉一道 12～14 号镀锌铁丝，固定在大棚的骨架上。顺行向在番茄棵下拉一道绳，并在植株上方吊绳，上端系在铁丝上，下端系于植株上，每棵植株吊一道绳，在株高 25 厘米时向绳上缠棵。以后随着蔓的伸长呈“S”形将蔓缠绕在吊绳上。

④摘叶。结果中后期底下的叶子衰老变黄，说明已失去功能作用，可将植株下部老化叶片及病叶摘除，以利通风透光，还可减轻病害蔓延。

（4）化学调控、保花疏果。早春番茄栽培，由于气温低，光照差，坐果不良，落花落果，因此，大棚番茄必须使用生长调节剂保花保果，同时应尽量提高棚温，生长调节剂一般在第一花序开花期用 10～20 毫克/升的 2，4-D 或用 20～30 毫克/升的番茄灵蘸花，刺激子房膨大，保证果实坐稳。生长素的浓度要严格控制，一般温度高时浓度要低，温度低时浓度要高。生长素处理最好选择晴天，因为阴天的温度低、光照弱，药液在植株体内运转和吸收慢，易出现要害。蘸花中应加少量红墨水作标记，以防重蘸。为保证产品质量，应适当疏果，大果形品种每穗选留 3～4 个果，中果形品种每穗留 4～6 个果。

6. 采收与催熟

一般开花后 45～60 天成熟。依据番茄果实的采收目的不同，通常将番茄的采收时期分为绿熟期、变色期、成熟期和完熟期 4 个时期。

（1）绿熟期。果实已充分长大，果皮由绿转白，种子发育基本完成，但食用性还很差，需经过一段时间的后熟，果实变色后，才可以食用。此期采收的果实质地较硬，比较耐贮存和挤压，适合于长途贩运。长期贮存或长途贩运的果实多在此期采收。

（2）变色期。果实脐部开始变色，采收后经短时间后熟即可全部变色，变色后的果实风味也比较好。但果实质地硬度较差，不耐贮存，也不耐挤碰。此期采收的果实只能用于短期贮存和短距离贩运。

（3）成熟期。果实大部分变色，表现出该品种特有的颜色和风味，品质最佳，也是最理想的食用期。但果实质地较软，不耐挤碰，挤碰后果肉很快变质。此期采收的果实适合于就地销售。

（4）完熟期。果实全部变色，果肉变软、味甜，种子成熟饱满，食用品质变劣。此期采收的果实主要用于种子生产和加工番茄果酱。

番茄采收要在早晨或傍晚温度偏低时进行。中午前后采收的果实含水量少，鲜艳度差，外观不佳，同时，果实的体温也比较高，不便于存放，容易腐烂。

（五）塑料大棚秋延后番茄栽培技术

番茄延后栽培有育苗移栽和利用“老株更新”两种方法。

1. 育苗移栽法

（1）品种选择。大棚秋延后番茄，苗期处在高温炎热的夏季，到结果期气温又急剧下降，所以，要求品种要耐热，抗病性强，特别能抗病毒病，生产中常用的中晚熟品种有中杂9号、毛粉802、L402、金棚1号、东农708等。

（2）培育壮苗。

①确定适宜的播期。秋番茄播种越早，病毒病就越重，同时播种过早，第一茬作物还没有收获完毕，不能定植，势必造成秧苗苗龄过长、徒长。播种过迟，结果期推迟，后期温度下降，果实难以成熟，产量不高，苗龄也不宜过长，一般30天左右，哈尔滨地区一般在6月上中旬播种，沈阳地区一般在6月中旬播种。

②苗床制作要求。由于育苗季节温度高雨水较多，因此，苗床应具备防高温、防雨特点。可做高畦搭荫棚或在大棚、日光温室育苗（可选透光率低的塑料薄膜，并放大风）。

③育苗及苗期防止徒长。日历苗龄为25～30天，生理苗龄株高15～20厘米，3～4片真叶。采用种子直播育苗钵的方法，每钵播3～5粒，待苗出土后间除弱小苗，每钵留一株。

苗期，尤其2～3片真叶之前防高温、高湿，以免徒长，也可在2～3片真叶展开时叶面喷洒1～2次植物生长调节剂。间隔7～10天。矮壮素：500～1 000毫克/升，多效唑：75～100毫克/升，B_9：1 500～2 000毫克/升。

④环境管理及防病。苗期以降温为管理的核心，通过搭荫棚或适时小环境喷水创造人工小气候。出苗后及时松土并随时

拔除杂草。加强病虫害防治，重点注意病毒病、叶霉病的防治。

（3）整地定植。定植前整地前清洁田园，尤其清除前茬病叶老叶。每亩撒施 5 000 ~ 7 000千克有机肥，深翻，碎土，起垄，垄宽 50 ~ 70 厘米（依据品种特性）。定植一般不采用地膜覆盖，而且定植后大水漫灌浇定植水，这样有利于降低土温和气温。另外徒长苗可深栽。

（4）定植后的管理。由于定植后生育前期，外界温度高、光照度强，管理上尽量想办法减弱光照、降低温度，并结合浇水，保持一定湿度，预防病毒病的发作；生于中期，这时候外界条件逐渐变凉，光照变弱，也是植株生长较旺盛时期，因此，尽可能增加光照度，加强肥水管理；生于后期，外界条件逐渐不能满足植株生长需要，应采取保温、增温、增加光照度，减少放风次数，适当减少灌水。在 9 月上中旬当外界最低气温降到 12 ~ 15℃时，夜间将大棚底脚薄膜放下，白天也减少通风，只开侧风口通风，同时，擦净棚膜，增加光照，当外界最低气温降到 5 ~ 8℃时，夜间不再放风，四周要用草苫防寒，总之随外界温度进一步降低，放风时间缩短，放风量缩小，最后密闭保温。

采用单杆整枝，吊绳或搭人字架，留 2 ~ 3 穗果摘心。每穗花当 2 ~ 3 朵花开时可用坐果激素处理，生育后期适当打掉病老叶，便于通风。

（5）采收和贮藏。将转色期果实及时采收上市，10 月中下旬外温下降，棚内以保温防寒为主，未熟果实应尽量延迟采收，到接近霜冻时，一次采收完毕，装置放在住宅或温室内贮藏，适宜温度 10 ~ 12℃，不宜低于 8℃，空气相对湿度应保持在 70% ~ 80%，以延长供应期。

2. 利用“老株更新”法进行秋延后栽培

采用育苗移栽的方式进行大棚秋番茄生产，由于育苗和定植期正值高温季节，病害严重，尤其是病毒病和疫病等已成为大棚秋番茄生产的主要障碍。鉴于此，利用番茄老株的再生能力，长成新的植株，可以增强抗病性，又解决了高温育苗困难和重新栽苗的用工，这种方法已在东北地区大面积推广并获得成功。“老株更新”法秋延后栽培的技术关键如下。

（1）品种选择。选择抗病、高产、生长势强的大果形品种进行老株再生，如 L402、毛粉 802、宝冠 1 号、中杂 9 号以及合作 903、合作 906、东农 706 等品种。

（2）选择最佳再生侧枝。选择节位低，无病虫危害的生长势强的侧枝进行更新。

（3）最佳留杈期和最佳开花期。于 7 月初至中旬，对小架栽培的植株第 2 穗果采收后开始留杈，留杈早，上市早，经济效益低，对于 7 月中旬以前现蕾的侧枝开花过早，可连续打顶掐尖，第 1 穗花序至第 3 穗花序在 8 月初至 9 月初开花为最佳开花期。

（4）新株整枝。单干整枝，留 3 穗果顶部留 2 片叶，其余侧枝全部打掉。

（5）栽培管理。基本同育苗移栽延后秋番茄栽培。

（六）日光温室冬春番茄栽培技术

1. 品种选择

以选择丰产、抗病、优质、耐低温弱光、商品性状好、无限生长类型的优良品种最为适宜，目前，较理想的番茄品种有中杂 9 号、金棚 1 号、东农 708 等。另外，近几年实行日光温室长季节栽培品种有以色列的 189、144 等品种。

2. 培育壮苗

哈尔滨地区一般在 12 月上中旬进行播种育苗，沈阳地区一般在 11 月上中旬进行播种育苗，这一时期正值寒冷的冬季，外界气温低，光照时间短而弱，所以只有创造良好的温室育苗条件，才能确保培育壮苗。

育苗一般采用温室内电热温床或育苗箱育苗，这个时期由于温度较低，要重点注意防治猝倒病。

（1）温度管理。播种后出苗前，白天最好保持 25～30℃，夜间 18～20℃，以促进出苗，出苗后白天 20～25℃，夜间 12～16℃，以防止下胚轴徒长，促进根系发育第一片真叶出现后再提高温度，白天 25～28℃，夜间 16～18℃，促进秧苗良好生长。

（2）水分管理。出苗前一般不浇水，土表面的小裂缝可用药土或营养土覆盖，移植时浇一次透水，缓苗后见干见湿。育苗中期要结合浇水喷施 1～2 次 0.1%～0.2% 的磷酸二氢钾等叶面肥，以保证苗期养分供应，防止脱肥形成黄苗、弱苗。

冬季温室育苗日照时间短、光照弱而且阴雪天多，往往因苗期光照不足造成徒长苗、水苗或黄弱苗，所以育苗期晴好天气的上午要早揭草苫，下午晚放草苫，早晚或阴雪天要进行补充光照。

3. 适时定植和合理密植

利用日光温室保温性能好的特点，创造良好的栽培条件，掌握时机提早定植，定植时期根据历年的气象资料和当地的气候条件而定，哈尔滨地区一般在 3 月 20 日左右较为适宜，定植前准备工作同大棚春番茄栽培技术，定植密度一般单干整枝，留 3～4 穗果，每亩保苗 3 500～3 800株，一干半整枝留 4～5 穗果，每亩保苗 3 200～3 500株。

4. 定植后的管理

（1）温、湿度控制。主要通过放风和浇水调节温度、湿度，从定植到第一穗果实膨大，管理的重点是促进缓苗，防冻保苗、定植初期，外界温度低，以保温为主，不需要通风，室内温度维持在25～30℃，缓苗后白天温度控制在23～25℃，夜间13～15℃。进入4月，中午室内若超过35℃的高温时，应在温室顶部放风，放风口要小，放风时间不宜过长，开花期空气相对湿度控制在50%左右，花期要防止出现30℃以上的高温，否则花的品质会下降，果形变小，产生落花落蕾现象，在果实膨大期要加强温度管理，以加速果实膨大，使果实提早成熟。第1穗膨大开始，上午室内温度保持在25～30℃，超过这一温度中午前开始放风，并通过放风量来控制温度，14时减少放风，夜间室内温度在13～15℃，室外温度高于15℃时，可以昼夜进行放风，盛果期和成熟前期在光照充足的情况下，保持白天室内气温在25～26℃，夜间在15～17℃，昼夜地温在23℃左右，空气相对湿度在45%～55%，室温过高容易影响果实着色。

（2）光照调控。冬春季节大棚和温室内的光照很难达到番茄光合作用的光饱和点，因此，采取措施增加光照是此时环境管理的重要环节。增加光照的措施：温室后墙张挂反光膜；在温度合适的情况下，早揭和晚盖多层保温覆盖物；经常清除透明覆盖材料上的污染等。

（3）中耕。不覆盖地膜栽培番茄，定植后要进行松土中耕，提温保墒，浇水后抓住表土干湿合适的时机进行松土、培垄，促进根系生长。

（4）追肥、灌水。定植后2～3天浇一次缓苗水，直到第一穗果坐住时一般不浇水，缓苗后搭架前进行第一次追肥，促进秧苗生长，防止开花结果过早，出现坠秧现象，一般每株施硫酸铵或尿素10克左右，施肥部位距根际4～5厘米处。当第一穗果有核桃大小时，浇催果水并追催果肥。当第一穗果已变白、第三穗果已坐住时，可以增加灌水，经常保持土壤湿润，以地表见干见湿为标准，不能忽干忽湿，以防止脐腐病的发生，当第一穗果开始采收，第二穗果也相当大时，结合浇水进行第三次追肥，此外在盛果期可以叶面喷肥，以补充养分供应。

在整个生育期间水分管理十分重要，特别中期土壤含水量过高，空气湿度大，容易引起病害，所以，灌水不但要适时适量，而且应同放风等温湿管理相结合，浇水后要及时松土保墒，连阴雨天禁止浇水，尽量降低室内湿度，可以起到防病效果。为了减少温室内的湿度采用滴灌灌水的方法，尽量不用沟灌。

（5）搭架和整枝。定植后及时进行搭架，采用吊绳或竹竿人字架。早熟自封顶品种，采取单干整枝留3穗果或一干半整枝留4～5穗果，其余侧枝尽量早摘除并全部打掉，2～3天就要检查一遍，发现侧枝及时摘除。若植株叶量过小，应保留部分侧枝叶片，以防植株早衰。

（6）防止落花落果。温室春番茄生产，开花期温度偏低，有时遇到寒流或雨雪阴天，光照不足，容易落花落果，必须使用植株生长激素处理花朵，防落，主要用2，4-D或番茄灵。

（7）二氧化碳气肥施用。温室春番茄生产，常因温度低，通风不良，导致二氧化碳浓度降低而影响产量。需施用二氧化碳气肥。施用时间：第一果穗开花至采收期间。每天日出或揭草苫后0.5～1小时开始，持续2～3小时或放风时止。施用浓度：800～1 000毫克/升（阴天施500毫克/升左右）。

（8）疏花疏果和打底叶。使用生长激素处理日光温室番茄，果实可全部坐住，果数多，养分分散，单果质量降低，果实大小不齐，影响质量，为了提早成熟、提高产量和商品性，应该尽量早进行疏花疏果，每穗花序一般留 3 ~5 果，其余连花带果全部掐掉。

植株下部的叶片，在果实膨大后已经衰老，本身所制造的养分已经没有剩余，甚至不够消耗，应及时摘除基部老叶、黄叶，增加通风透光对促进果实发育是有利的，当第一穗果放白时，就应把果穗下的老叶全部去掉。

（七）日光温室秋冬茬番茄栽培技术

秋冬茬番茄栽培主要用于进行秋延后栽培，主要技术如下。

1. 品种选择

秋季温室栽培番茄时，应选抗病丰产的大果形，干物质含量高，皮厚，耐贮藏的品种，如宝冠 1 号、毛粉 802、合作 903、东农 709、中杂 8 号等。

2. 育苗

日光温室秋延后番茄育苗期正处在高温、多雨季节，苗床必须具备遮阳、防雨条件，在育苗畦上扣中棚、小棚，棚顶部覆盖薄膜合遮阳网，四周不设围裙，形成凉棚，既通风又减弱了光照度。

哈尔滨地区 6 月底至 7 月初催芽，播种畦浇透底水，把催出小芽的种子均匀撒播后覆盖营养土 1 厘米厚，再薄薄撒一层细沙，每 600 平方米的温室栽培面积需播种 40 ~45 克。

秋番茄育苗期只有 25 ~30 天，不进行移植，出苗后间去过分密植的或双棵苗，防止徒长，不十分干旱不浇水，3 片叶时用 0.1% 浓度的矮壮素喷叶片 2 ~3 次，防止徒长，使幼苗蹲实粗壮，要彻底清除育苗畦四周及附近杂草，喷 3% 啶虫脒乳油 1 500倍液或 10% 吡虫啉可湿性粉剂 2 000倍液防治蚜虫，防止幼苗染病毒，下雨时要防止雨水浇灌到畦面上，发现干旱适当浇水，及时拔除畦内杂草。

3. 定植

温室前茬蔬菜收获结束后，及时清除杂株废物，室内全面喷施药剂杀菌，深翻细耙，做成50～60厘米的垄，把农家肥施入沟中，再刨一遍，把粪掺到土中，准备栽苗。垄宽一般50～60厘米，株距30厘米，定植过程中，起苗和栽苗尽量减少伤根，应随起苗，随移栽，最好选在阴雨天或傍晚进行。

4. 定植后的管理

秋番茄定植正值温度高、光照强的伏天雨季，调节温度和光照，防止雨涝是关键措施。温室前挖排水沟，温室薄膜底角全部卷起，后部和底部开通风口，晴天、热天，室内温度降不下去的情况下，可在屋面上覆盖软竹帘或遮阳网进行降温，温度调节及管理范围参照春番茄，雨天要把顶部和前沿塑料薄膜遮好，防止雨浇，但要继续放风排湿，防止感病。8月至9月上旬，主要以放风、遮阳、降温、防涝、防旱管理为主，9月中下旬气温开始下降，夜间逐渐停止放风，白天根据天气情况，掌握放风量的大小和放风时间的长短，到10月以后，室外冷凉夜晚有轻霜，就要密闭保温，不再放风，严重低温时将温室前沿用草苫围上，进行保温。

栽培秋番茄时，由于前期地温高，土壤微生物分解快，施足基肥后，可减少追肥量和追肥次数，为了防止土壤缺钙造成裂果，每600平方米的温室施50千克过磷酸钙做底肥，当第一穗果长到核桃大小时，结合灌水每株追磷酸氢二铵8～10克，促使果实迅速膨大。这次灌水必须掌握时机，灌早了容易“皮紧”，平均单果质量下降；灌晚了，第2花序容易出现“瞎果”。

追肥灌水主要是调整秧果之间关系，由于秋番茄生育期短，一般施足底肥再追一次肥就可满足，如果底肥不足，还需在第 2 穗果膨大时，再追肥 1 次或用叶面肥进行补充。

灌水要看长势和土壤墒情，从定植到拉秧，一般灌水 5 ~ 6 次，每次灌完水都要及时中耕除草、培垄，这样有助于番茄植株健壮生长，果实正常发育。

温室秋番茄的插架、绑蔓、整枝与春番茄基本相同，无限型品种一般留 4 层果摘心，每个花序留 4 ~ 5 果，将先端多余的花和小果全部掐掉，底部老叶、病叶也要及时摘除。

第一花序开放时，处在高温季节，容易落花落果，需及时用番茄灵或 2，4-D 处理，处理方法与春番茄栽培相同。

5. 采收和贮藏

秋番茄愈晚采收，产量愈高，经济效益越大，特别是温室秋延后番茄，采收期宜尽量延迟，到 10 月底至 11 月初，温度过低时，把番茄果实一次采收，装筐放在 10 ~ 12℃，相对湿度 70% ~ 80% 的地方贮藏，贮藏过程中，每 5 ~ 7 天翻动 1 次，挑选红果陆续上市，上市期可持续到 12 月。

二、茄子设施栽培技术

茄子为茄科茄属植物，起源于亚洲东南热带地区。茄子是我国南北各地栽培普遍的蔬菜之一，含有丰富的蛋白质、维生素、钙盐等营养成分，适应性强，生长期长，产量高，是北方地区夏秋季的主要蔬菜之一。

（一）植物学性状

1. 根

茄子根系发达，由主根和侧根组成。其根群深达 120 ~ 150 厘米，横展 1 厘米左右，吸收能力强。育苗移栽的茄子根系分布较浅，多分布在土壤 30 厘米土层。茄子的根系木质化较早，再生力弱，不适多次移植。

2. 茎

直立、粗壮，分枝较规则，为假二杈分枝。一般早熟品种在主茎生长6~8片真叶后，即着生第一朵花。中熟或晚熟品种要长出8~9片叶以后才着生第一朵花。当顶芽变为花芽后，紧挨花芽的2个侧芽抽生成第一对较健壮的侧枝，代替主枝生长，呈“Y”形。以后每一侧枝长2~3片叶后，又形成一花芽和一对次生侧枝。依此类推。由于茄子花芽下的第一侧枝分化与生长和番茄相似，第二侧枝强健，所以所结果实在形态上不在二杈正中，而是生长在一侧。主茎的叶腋也可生出侧枝、开花结果，但这些枝较弱，果实成熟晚，所以多摘除。

3. 叶

单叶、互生，有长柄。蒸腾量较大。茄子茎和叶的色泽有绿有紫，果实为紫色的品种，其嫩茎及叶柄带紫色；果实白、青的，则茎叶的为绿色。

4. 花

完全花，自花授粉，花多单生，个别品种簇生。花色淡紫或白色，花分为长柱花、中柱花、短柱花，长柱花为健全花，能正常授粉，但异交率高；短柱花不健全，授粉困难。

5. 果实与种子

果实为肉质浆果，主要由果皮、胎座、髓部和种子组成，其海绵组织为主要食用部分。果形有圆、扁圆、长形及倒卵圆形，果色有深紫、鲜紫、白色与绿色。每果内有种子500~1 000粒，千粒重4~5克。

（二）生长发育周期

（1）发芽期。从种子发芽到第一片真叶出现（破心），30℃条件下6~8天即可发芽。

(2) 幼苗期。从第一片真叶出现到第一花序现蕾。此期以真十字期 (4 片真叶) 为转折点，分为前后两个阶段，真十字前为营养生长阶段，幼苗生长量的 85% 在此期完成。进入真十字后期开始花芽分化，植株健壮花芽分化良好。

(3) 开花结果期。从第一花序现蕾到收获完毕，此期按生长过程分为门茄现蕾期、门茄瞪眼期、对茄与四面斗结果期、八面分时期。门茄现蕾标志着结果期开始，为定植适期。门茄瞪眼到四面斗成熟为产量的高峰期。此期茎叶和果实同时生长，养分竞争较大易产生果实对茎叶或下部果对上部果的抑制作用，栽培上需注意。

(三) 对环境条件的要求

1. 温度

生育适温为 25 ~ 30℃，比番茄稍高。17℃以下生育缓慢，花芽分化延迟，花粉管伸长受抑，会引起落花。10℃以下则代谢失调，5℃以下会有冷害，0℃以下冻死。开花适温 20 ~ 25℃，夜温 15 ~ 20℃，高于 35℃花器官发育不良，特别是夜温过高时，由于消耗大，果实生长慢，甚至产生僵果。

2. 光照

喜光，光饱和点为 40 000 勒克斯，补偿点为 2 000 勒克斯。茄子对光照长短反应不敏感，但光照度对其影响较大，幼苗期光照度弱，苗易徒长，花芽分化与开花晚，光合作用降低，产量下降，着色不好。

3. 水

耐旱性弱，需要充足的土壤水分供给，水分不足植株生育缓慢，花果实发育不良，果面粗糙无光泽。土壤过湿通气不良，容易引起烂根。

4. 土壤营养

对土壤要求不严，适宜的土壤酸碱度 pH 值为 6.8～7.3，较耐盐碱。茄子对氮肥的要求较高，缺氮时延迟花芽分化，花数减少，在开花盛期缺氮，植株发育不良。后期对钾的需要量增加。

茄子比较耐旱、怕涝。茄子喜肥耐肥。生长期要求多次追肥方能保证结果期长，高产。

（四）栽培季节与茬口安排

茄子生育期长，在北方露地多为一茬栽培。早春育苗，晚霜过后定植露地，夏秋季收获。其前茬可以是越冬菜，或冬闲地，也可与早甘蓝、大蒜、速生绿叶菜间作套种，后期可与秋白菜、萝卜或越冬菜套种。保护地主要在小拱棚、塑料大棚、温室冬春茬和春茬早熟栽培。

（五）冬春茬和春茬茄子设施栽培技术

1. 品种选择

选择品种选择一方面要考虑温室冬春季生产应选择耐低温、耐弱光，抗病性强的品种，另一方面要了解销往地区的消费习惯。目前主要以长茄和卵茄为主。

2. 育苗

壮苗标准：株高 20 厘米，茎粗 0.6 厘米以上，真叶 7～9 片，叶片肥大，叶色浓绿，开始现蕾，根系发达，无锈根，全株无病虫害。

适时播种：根据不同的栽培形式，要选择适时播种。沈阳地区参考播期如下：冬季日光温室生产，一般在 11 月播种；春保护地生产，一般在 12 月或当年 1 月播种。

(1) 种子消毒与浸种催芽。

①种子消毒与浸种。栽培品种的种子消毒与浸种可用温汤

浸种（50～55℃热水浸种10～15分钟，浸种期间不断搅拌种子，然后20～30℃热水浸种8～10小时）和化学药剂处理（用1%高锰酸钾溶液浸种30分钟，捞出经反复淘洗后20～30℃热水浸种8～10小时；用10%磷酸三钠20分钟，捞出经反复淘洗后20～30℃热水浸种8～10小时）。

嫁接砧木的浸种：目前生产上应用的嫁接砧木主要有赤茄和托鲁巴姆，赤茄在20～30℃热水浸种24小时，托鲁巴姆在20～30℃热水浸种5～7天。

②催芽。茄子种子种皮具角质层并附有一层果胶物质，水分和氧气很难进入，催芽前需反复搓洗几次，以去除种皮外的黏液。催芽温度25～30℃，催芽期间，每天翻动种子2次，见干时适当喷水，当芽长至0.2～0.3厘米时可播种。

③播种。砧木比接穗提前播种，赤茄比接穗早播6～8天，托鲁巴姆比接穗早播23～28天。

茄子冬春及早春茬栽培苗期猝倒病较严重，在苗盘中装8～10厘米厚床土后，先整平，打透水，然后用五代合剂拌药土，采取药土上铺下盖防猝倒病的办法（具体方法：15千克营养土内加70%五氯硝基苯和80%代森锌各4克混合拌匀。药土2/3撒在1平方米苗床上，然后播种，播后再将剩余的1/3药土盖在上面）。

每平方米播种量35～40克，幼苗破心时移植，覆土厚度0.8～1厘米。覆地膜，并加盖棉布等。总之，要求温度保持在25～30℃。如果早春低温，可先铺好地热线。

（2）分苗。2片子叶一心叶时分苗为宜，两真叶一心之前完成分苗。因为茄子根系木栓化早，为保护根系，最好只进行一次分苗，并且最好移至营养钵内或营养坨。分苗前2～3天，普浇一遍水，以利起苗，减少伤根。分苗方法同番茄栽培。

（3）嫁接。嫁接砧木苗龄5～6片砧叶，接穗苗4～5片真叶；通常采用劈接方法。

(4) 苗期环境管理。

①温度管理。齐苗后可适当降低苗床温度，白天控制在25℃，夜间降至15℃，土温保持在18℃。一叶一心时，对过密的苗子可进行间苗，间苗时要去掉弱苗和病苗。如苗床有裂缝出现，可向苗床撒0.5厘米的细湿土或粉沙。当幼苗长出2～3片真叶时，白天温度20～25℃，夜间温度在15℃，土温要保持18℃，苗床可加大通风，炼苗，为分苗做准备。分苗后，缓苗前应适当提高白天25～30℃，夜间18～20℃；经6～7天后，缓苗后，要放风降温，风量由小到大，白天温度25～28℃，夜间15～17℃。继续降温，白天温度25℃，夜间10～15℃，土温不低于15℃，定植前一周进行幼苗低温锻炼，应与栽培环境逐步一致。

②光照和灌水。温室育苗，条件允许的情况下，尽量早揭和晚盖多层保温覆盖物。经常清楚透明覆盖物上的污染物；当两片子叶展开吐出心叶时，要增加光照，最好在苗床北侧悬挂反光幕。低温时期浇水总的原则是：每次浇水要充足，尽量减少浇水次数，以免温度降低。

③追肥。苗期可采取1～2次叶面喷洒0.3%硫酸二氢钾或尿素的办法进行根外追肥。

3. 定植

(1) 整地施肥作畦。茄子生长期长，根系发达，必须深耕和重施基肥，保护地采用大垄双行。每亩施肥6 000～10 000千克，三元复合肥50千克，或硫酸钾10～15千克，过磷酸钙15～20千克，尿素20千克，结合深翻25厘米，平整后做成高垄。垄高15～20厘米，一般早熟品种株型矮小，垄宽60厘米，株距33厘米，每亩定植3 500株，中晚熟品种株型高大，垄宽70～75厘米，株距40厘米，每亩定植2 500～

3 000株。

（2）棚室防虫消毒。在棚室通风口用20～30目尼龙网纱密封，阻止蚜虫迁入，地面铺银灰色地膜，或剪成10～15厘米的膜条，挂在棚室放风口处，驱避蚜虫。定植前3～5天每亩棚室用硫黄粉2～3千克，加80%敌敌畏乳油0.25千克，拌上锯末分堆点燃，然后密闭一昼夜，经放风无味后再定植，或定植前利用高温闷棚。

（3）定植时间、方法。当棚室内10厘米土温稳定通过12℃后定植，短期最低气温不低于10℃。选寒尾暖头晴天上午栽苗，在垄上开12厘米深的穴，穴浇水，当水渗下一半时，将带土坨的茄苗放入，深度以露出子叶为宜，水渗下后封埯。

4. 定植后的管理

（1）缓苗期的管理。春冬茬和早春茬栽培，茄子定植处在低温季节，在管理上，要重点加强温度管理，以提高棚室温度，定植后的10～15天，可使棚室温保持在30～35℃，以提高棚室内地温，促进茄苗发根。此期一般不通风，以利保温，如晴天中午前后，棚室温度过高，茄苗出现萎蔫时，可盖草苫遮阳。缓苗期一般不浇水。夜间棚室内温度一般要保持在20℃，不要低于12℃。越冬茬和秋延迟茄子的定植期，自然温度可以满足缓苗期的需要。但此时，晴天中午光照强，温度高，土壤蒸发和叶面蒸发量大，茄子易出现萎蔫，所以定植后要注意适当浇水和晴天午间遮阳；如果无遮阳条件，可适当放风控制温度。

当新叶开始生长，新根出现，已经缓苗，要适当降温，白天控温在25～28℃，夜间保持在17℃，地温控制在15℃。

（2）结果前期的管理。结果前期，应促进植株稳发壮长，搭好高产架子，提高坐果率，防止落花落果。栽培上的具体措施如下。

①加强棚温调控，白天保持26～30℃，若超过32℃可适当通风换气。夜间温度维持在16～20℃，最低12℃。如果温度持续高于35℃或低于17℃，都会引起落花或出现畸形果。

②整枝和肥水管理，要及时将第一侧枝下的侧枝抹去，以免消耗养分。一般早熟品种多采用三杈留枝，中晚熟品种多采用双干留枝。在肥水管理上，特别是茄瞪眼期之前，应尽量不浇水，中耕保墒，防止水分过多造成徒长，导致落花。瞪眼期后要加强肥水管理，这时是营养生长和生殖生长同时进行的时期，可结合浇水，每亩施尿素10～15千克，硫酸钾10千克。为防止浇水引起温度低，浇水应选晴天上午进行，实行隔天浇水。

③提高坐果率，为防止落花落果，可使用生长调节剂，应用浓度为30毫克/升的2,4-D溶液，在此范围内，气温高时浓度可低，反之，则高些，也可选防落素。

（3）结果盛期的管理。门茄采摘后，是提高茄子产量的关键时期。此期生产量大，结果数量增加，要求有合理的肥水、光照和适宜的温度。在管理上，越冬茬和早春茬，室外仍然温度很低，因此，白天棚温应保持在25～30℃，夜间15～20℃，昼夜温差在10℃左右比较适宜，如白天棚温超过32℃，应放风。进入盛果后期，棚外气温升高，为防高温危害，晴天白天可通底风，夜间棚温不低于16℃不关顶窗，保持通风。秋延后栽培，整个盛果期，气温逐渐下降，处在低温季节，更需加强防寒保温。光照是大棚的热量的重要来源，在此期间，要注意早揭草苫，争取每天的光照时间，在棚膜覆盖的整个期间要经常擦薄膜上的灰尘，以提高透光率。加强肥水管理，每8～9天浇一次水，间隔一次水，随水施一次肥，除施尿素和硫酸钾外，可以每亩施人粪尿800～1 000千克。

整枝摘老叶，为加大通风，摘除的老叶要带出棚外，烧掉或深埋。门茄以下如有侧枝出现也要及时抹去。如栽植密度过大，枝叶过密，可适当疏除空枝和弱小植株。当四门斗茄坐住后，在茄果之上4片叶进行摘心，以集中营养促进果实膨大。

（4）适时采收。茄子采收太早影响产量，过晚品质下降，还会影响后面茄果的生长发育，同样降低产量。采收最好在早晨，因为此时果实饱满，光泽鲜艳，商品性好。

三、辣椒设施栽培技术

辣椒属于茄科辣椒属多年生或一年生草本植物，名为海椒、秦椒、辣茄、番椒等。原产中南美洲热带地区。营养价值较高，辣椒素和辣椒红素，有促进食欲，帮助消化等功效。

（一）植物学性状

1. 根

根量少，再生力较番茄弱。根系分布于土表30厘米土层内。耐旱、耐涝能力差，易老化。育苗移栽培壮根系对辣椒丰产具有重要意义。

2. 茎

茎直立，基部木质化、较坚韧。高30~150厘米，因种类而异。

3. 叶

单叶互生，卵圆或长卵圆形，全缘，先端渐尖，叶面光滑，少数品种叶面密生茸毛，叶片大小、色泽与青果的大小、色泽有相关性，并受环境条件的影响。

4. 花

完全花，单生、丛生或簇生，花萼基部为筒状钟形，先端5~7裂，花冠合瓣5~7裂。雌雄同花，是常异交植物，天然杂交率约10%。

5. 果实

果实为浆果，果皮与胎座分离成较大空腔。果实形状、大小因品种类型不同而差异明显。颜色也不一样。果实着生多下垂，少数朝天生长。

辣椒素在果实成熟过程中逐渐增加。品种不同，辣味不同；果实的不同部位辣椒素含量也不一样，以胎座和隔膜中较多，果皮中较少，种子中含量更少。果皮中段含量最多，基部较少，尖顶部最少。辣味与环境条件也有关，干旱、缺氮时浓；肥水充足时则淡。

6. 种子

种子短肾形，扁平稍皱，略具光泽，色淡如黄白色。种皮较厚实，发芽较慢。千粒重 6 ~ 7 克。

(二) 对环境条件的要求及其对设施的适应性

1. 温度

辣椒为喜温蔬菜，生长发育要求温暖的气候条件。种子发芽适温为 25 ~ 30℃，低于 15℃不易发芽。种子发芽后，随着幼苗长大，耐低温能力渐强。具 3 片真叶以上的秧苗能在 0℃以上不受冻。幼苗期生长及花芽分化以白天 20 ~ 25℃，夜间 15 ~ 20℃为宜。初花期白天 20 ~ 25℃，夜间 15 ~ 20℃才能良好生长结实，低于 15℃易落花，高于 25℃也不利。

2. 光照

辣椒为中光性蔬菜，对日照长短反应不敏感。但在较短日照、中等光照度下开花结实快。种子在黑暗条件下容易发芽，幼苗期需良好的光照。甜椒的光饱和点为 30 000 勒克斯，补偿点为 1 500 勒克斯。

3. 水分

辣椒对水分要求很严，不耐旱，也不耐涝，淹水几小时即会发生萎蔫。果实膨大期要求较充足的水分，水分不足会引起落花落果，并影响果实膨大，果面皱缩、少光泽，果形弯曲。过干空气相对湿度也影响生长发育，湿度过高、过低都易发病及落花。相对湿度以60% ~80%为宜。

4. 土壤及营养

小辣椒对土壤要求不太严格，大辣椒品种要求较高。甜椒栽培以肥沃、富含有机质、保水保肥力强、排水良好、土层深厚的沙壤土为宜。辣椒对氮、磷、钾要求均较高。苗期要求较多的磷、钾肥，其花芽分化受三要素的影响极为明显，要求三要素齐全。初花期氮过多，会导致徒长。

（三）栽培制度与栽培季节

辣椒根系较弱，需选择地势高燥的肥沃壤土或沙壤土上栽培，为防止土壤带病菌，要与非茄科作物进行3 ~5年的轮作。

（四）大棚辣椒春茬栽培技术

1. 育苗

壮苗标准：株高20厘米，茎粗0.5厘米，具有12 ~13片真叶，叶色浓绿，叶片肥厚。70%以上秧苗现蕾，日历苗龄80 ~90天。

（1）浸种催芽与播种。辣椒浸种常与种子消毒结合起来进行。具体方法主要如下。

方法①与②可防止辣椒猝倒病、炭疽病和疮痂病；方法③可使病毒的活性钝化；方法④对辣椒菌核病有杀菌作用。

辣椒催芽温度以28 ~30℃为宜，发芽需要充足的氧气，因此，催芽时早晚翻动、投洗种子各一次，用纱布或透气性好的布类包裹，包裹不要过严，以保证充足的氧气供应。

（2）播种。辣椒的育苗方式及场所，与番茄大体相同。辣椒种子发芽出土对床土和水分的要求严格。床土用新田土6

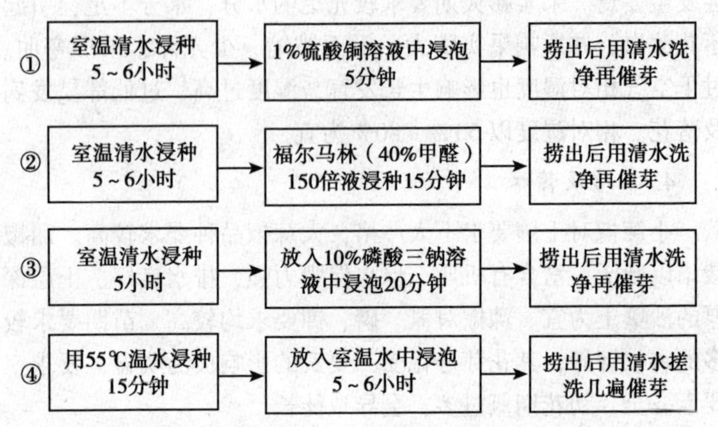

份，腐熟细圈肥 4 份，每立方米营养土加过磷酸钙 0.75 千克、敌克松 6～8 克。通常播种前浇足底水，播种后覆 1 厘米厚床土，并盖上地膜。当 50% 出苗后揭掉地膜，以免烤苗。播种量为 15～20 克/平方米，撒播种子。每亩播种量 120～150 克。

（3）分苗（移苗）。辣椒的分苗适宜期为 2 片真叶展开期。移植方法与番茄相同。

（4）苗期管理。

①温度。出苗阶段白天保持 30～35℃，夜间 16～20℃，幼苗基本出齐后揭掉地膜，并逐渐放风，苗床白天温度在 23～25℃，夜间 16～18℃。分苗前 3～4 天，进一步加大放风，降低床温，白天 20～25℃，夜间 13～15℃，以利提高幼苗抗逆性。分苗后一周内白天 30～38℃，夜间 18～20℃，缓苗后放风降温，白天 25～27℃，夜间 16～18℃。定植前 7～10 天进行炼苗，白天 15～25℃，夜间 5～15℃。

②光照。辣椒在茄果类蔬菜中属耐弱光蔬菜。但由于冬春温室或大棚内透光率和光照度弱，光照时间短，因此，增加此时温室或大棚的透光率和光照时数仍很重要，具体方法见番茄。另外，当苗长大后应适当排稀，避免幼苗之间互相遮光。

③水分。春茬辣椒栽培的育苗期间大部分处于低温、寡日照时期，此时保温、增温、增光管理重点。因此，在水分的管理上应采取一次灌水要灌足，尽量减少灌水次数的原则。通常在播种前和分苗前浇足底水，使之能在较长时间内保持适宜的土壤湿度，缓苗后根据土壤湿度情况，选择晴天上午进行补水，尽量避免因浇水而长时间的降低土温。同时，也不应该过度控水蹲苗，否则不能保证苗对水分的要求，影响幼苗质量。

2. 整地施肥

定植前 7 ~ 10 天首先应进行大棚内的消毒与整地施肥。结合整地每亩施入腐熟优质粪肥 5 000 ~ 7 000千克，其中，2/3 普施，翻地后耙平。将余下的 1/3 粪肥掺入 25 千克复合肥或过磷酸钙 25 千克、硫酸钾 30 千克、尿素 15 千克混匀后集中沟施。

3. 适时定植

冬春茬及春茬辣椒栽培以垄栽为宜。一般可采用大小垄，即大行距 70 厘米，小行距 55 厘米，并在小行距两垄上铺一幅地膜。膜下沟为暗灌沟，大行距两垄间的明沟为作业行间。垄做好后，覆地膜。待 10 厘米深最低地温达 15℃，最低气温 12℃时，可进行定植。

用打孔器在铺有地膜的垄上以 25 ~ 30 厘米穴距打孔（或用刀片划成十字形开口，再挖穴），然后每穴定植 2 株。这样每亩可定植 3 200 ~ 3 400穴，合 6 400 ~ 6 800株。定植后浇足埯水，待水渗后及时封埯。

4. 定植后管理

（1）环境管理要点。辣椒定植后的前期，外界温度较低，光照较弱，因此，应加强保温，尽量增加光照，以促进缓苗和缓苗后的生长发育。在温度管理指标上，白天以 26 ~ 28℃为宜，夜间前半夜以18～23℃为宜，后半夜以15～18℃为宜。如果温度高于30℃或低于15℃，辣椒的落花率和畸形果率都会增加。辣椒的生育后期，处于温度较高的春夏季节，此时应逐渐加大温室或大棚的放风量，待外界最低气温高于15℃时，可进行昼夜放风；在光照管理上，清除棚膜上的污染或使用新的大棚膜，以增加透光率。

（2）追肥。根据辣椒的需肥规律，在辣椒栽培中除施足基肥外，还要进行追肥，在门椒坐果2周后，每亩可追施尿素20千克及硫酸钾10千克或复合肥20千克。以后根据情况每隔水进行一次追肥，每亩追尿素15千克。追肥后应及时灌水。

（3）灌水。在定植初期，为确保地温和蹲苗，应尽量少灌水。一般浇足定植水后，在缓苗后根据墒情，可利用膜下暗沟浇一次水，在门椒膨大前不再浇水。门椒开始膨大后，选择晴暖天气的午前进行浇水。水分管理掌握地表见干见湿的原则，避免大水漫灌。在辣椒生育后期的高温季节，可采取小水勤浇的方法调节温室或大棚内的环境。

（4）植株调整。采取改良式双干整枝。植株长至50厘米高时，在垄两侧用竹竿或铁丝夹住。门椒采收后，植株基部易长出侧枝，消耗养分，要及时去掉。在结果中后期，要及时摘除下部老叶、黄叶、病叶，以利通风透光和防止病害蔓延，争取获得更高的经济产量。

5. 采收

温室或大棚冬春茬和春茬辣椒栽培多以青椒为产品供应市场。为了避免果实坠秧而影响植株营养生长及上部坐果，通常应及早采收门椒和对椒。其他部位的果实原则上是在果实充分长大，果肉变硬后采收。采收是应注意不要用力猛揪，以免折断果枝。

第二节　瓜类蔬菜的设施栽培技术

我国栽培的瓜类蔬菜有十余种，其中，较为重要并且栽培面积较大的有黄瓜、西葫芦、西瓜、瓠瓜、中国南瓜、苦瓜、丝瓜、甜瓜等，为春末至秋季的主要蔬菜。瓜类蔬菜种类品种繁多，口味各异，风味独特，富含糖类、维生素、蛋白质、脂肪及矿物质等多种营养物质，既可生食、熟食，又可加工国内外销售。

一、黄瓜

黄瓜，也称胡瓜、青瓜，是葫芦科甜瓜属一年生草本攀援植物。原产于喜马拉雅山脉南麓热带雨林地区，是一种世界性蔬菜，黄瓜在我国已有2000年左右的栽培历史，全国各地均有种植。设施栽培黄瓜面积最大，节能日光温室冬春茬黄瓜单产，一般为5 000~10 000千克/亩，最高已突破2.5万千克/亩，可见增产潜力极大。

黄瓜营养丰富，含有人体所需的各种维生素和矿物质，具有清香、脆嫩、淡泊、爽口的特点，适宜生吃、凉拌、熟食、泡菜、盐渍、糖渍、酱渍、制干和制罐等，黄瓜所含的纤维素非常娇嫩，在促进肠道中残渣排泄和降低胆固醇方面有一定的作用。黄瓜味甘性凉，能清血除热、利尿解毒。鲜黄瓜含有丙醇二酸，可抑制糖类物质转变为脂肪，因此，多吃黄瓜还可以减肥。此外，黄瓜还含有黄瓜酶。这种酶具有生物活性，能促进机体的新陈代谢，久用黄瓜片或其汁液擦脸，有极好的美容效果。

(一) 日光温室冬春茬黄瓜育苗技术

1. 冬春茬黄瓜栽培季节

播种期为12月中下旬至1月上中旬；定植期为2月上中旬至3月初；采收期为3月上中旬至6月拉秧。

2. 选用适宜的优良品种

选择抗逆性强、早熟性好、抗病性强的品种。如新泰密刺，长春密刺，山东密刺，津春3、5号，津优2号，中农5号等。

3. 培育适龄嫁接壮苗

（1）浸种催芽。每亩用黄瓜种子150克、黑籽南瓜1.5千克。将50～55℃热水装在清洁的容器中，播前用4倍于种子体积的温水分别浸种，种子倒入水中不停地搅动到水温下降到30℃以下，再浸泡4～6小时，浸泡后的种子用清水冲洗2～3遍，纱布包好，放在28～30℃的温度下催芽。

催芽过程中早、晚各用30℃温水淘洗1次，50%左右的种子露白即可播种。

（2）嫁接育苗。嫁接前一天准备好移植苗床土，起苗时避免伤根。一般采用靠接法和插接法。

①靠接法。黄瓜比黑籽南瓜早播3～5天，选用生长高度接近的砧木和接穗幼苗进行嫁接。南瓜播种后10～12天，此时其幼苗的第一片真叶已半展开即“一心叶期”，黄瓜幼苗的第一片真叶刚出现，为嫁接适期。

嫁接时，挖出南瓜和黄瓜幼苗。先用竹签去掉南瓜苗的生长点，然后用刀片在生长点下方0.5～1.0厘米处自上而下斜切一刀，切口角度为30°～40°，切口长度为0.5～0.7厘米，约为胚茎粗的一半。

接穗黄瓜苗在距生长点1.5厘米处向上斜切一刀，深度为其胚芽粗的3/5～2/3。然后将削好的接穗切口嵌入砧木胚茎的切口内，使两者切口吻合在一起，用夹子固定好嫁接处，使嫁接口紧密结合。嫁接好的嫁接苗，黄瓜子叶位于南瓜子叶上，且呈十字形。

嫁接后的两株苗栽到同一个营养钵中，栽植时应把两个根茎分开2厘米，以利于以后的断根操作。靠接10～15天后伤口即可愈合，此时接穗的第一片真叶已舒展开，在接口下1厘米左右处用刀片或剪刀将接穗的胚茎剪断，即靠接苗的“断根”。在断根前一天，最好用手把接穗胚茎的下部捏一下，破坏其维管束部分，使断根后基本不用缓苗。可在断根的同时随手除去嫁接夹。

也可以将接穗和砧木播种在同一营养钵内，接穗先播种3～5天，接穗与砧木胚茎下部相距2厘米，两株苗的高矮相近，嫁接苗更易成活，只是操作较为烦琐，嫁接工作效率较低。在靠接时，嫁接口及断根部位不要太低，以免黄瓜长出不定根扎入土中传染枯萎病等土传病害，失去黄瓜嫁接防病的作用。

②插接法。黑籽南瓜比黄瓜早播4～5天，黄瓜第一片真叶展开，砧木南瓜真叶出现时进行嫁接。

用竹签挑去南瓜苗的真叶和生长点，然后用竹签在苗茎的顶面紧贴一子叶，沿子叶连线反向，向另一子叶的下方斜插一孔，插孔长0.8～1厘米，深度以竹签刚好顶到苗茎的表皮为适宜。

取黄瓜苗，用刀片在子叶的正下方一侧、距子叶0.5厘米以内斜切一刀，翻过苗茎，从背面再斜切一刀，把苗茎削成楔形。

随即从南瓜苗茎上拔出竹签，并把黄瓜苗茎的长切面一侧向下插入南瓜苗茎的插孔（图3－1）。黄瓜苗茎要插到插孔的近底部，使插孔底部不留空隙。

图3－1　黄瓜顶插接

插接好后随即把嫁接苗放入苗床内（图3－2），并对苗钵进行浇水，同时将苗床用小拱棚扣严保湿。

图3－2　黄瓜嫁接苗

（3）嫁接后的管理。嫁接后的管理，主要以遮阴、避光、加湿、保温为主。以前3天最为重要，应实行密闭管理，要求小拱棚内相对湿度达到90%以上，昼温24～26℃，夜温18～20℃；3天后早晚适当通风，两侧见光，中午喷雾1～2次，保持较高的湿度，1周后只在中午遮光，10天后恢复正常管理，及时除去砧木萌芽。

①温度。为了促使伤口的愈合，嫁接后应适当提高温度。嫁接后3～5天内，白天保持24～26℃不超过30℃；夜间18～20℃，不低于，3～5天后开始通风降温。

②湿度。嫁接后使接穗的水分蒸发量控制到最小限度，是提高成活率的决定因素。嫁接前砧木营养钵土要保持水分充足，嫁接当日要密闭棚膜，使空气湿度达到饱和状态，不必换气；2～6天逐渐换气降湿；7天后要让嫁接苗逐渐适应外界条件，早上和傍晚温度较高时逐渐增加通风换气时间和换气量，换气可抑制病害的发生。

③通风。嫁接2～3天后开始通风，初始通风量要小，以后逐渐加大，一般9～10天后加大通风量，若发现秧苗萎蔫，应及时遮阴喷水，停止通风。

④遮阴。苗床必须遮阴，嫁接苗可接受弱散射光，但不能受阳光直射。嫁接苗的最初1～3天内，应完全密闭苗床棚膜，并上覆遮阳网或草帘遮光，使其微弱受光，以免高温和直射光引起萎蔫；3天后，早上或傍晚撤去棚膜上的覆盖物，逐渐增加见光时间；7天后在中午前后强光时遮光，保持接受散射光；10天后恢复到普通苗床的管理。注意遮光时间过长，会影响嫁接苗的生长。

⑤断根除萌。靠接苗10～11天后可以给瓜类接穗苗断根，用刀片割断接穗苗根部以上的茎，并随即拔出。嫁接时砧木的生长点虽已被切除，但在嫁接苗成活生长期间，在子叶节接口处会萌发出一些生长迅速的不定芽，与接穗争夺营养，影响嫁接苗的成活，因此，要随时切除这些不定芽，保证接穗的健康生长，切除时，切忌损伤子叶及摆动接穗。

⑥病害防治。高温高湿条件下，嫁接苗易发生猝倒病、立枯病等苗期病害，喷雾加湿时可用75%百菌清可湿性粉剂800倍液或50%多菌灵可湿性粉剂1 000倍液。

（二）日光温室冬春茬黄瓜栽培管理

1. 定植前的准备

（1）日光温室准备。入冬之前建好温室，并提早扣膜暖室；温室内秋冬茬蔬菜要及时清园腾茬，或预留定植位；腾茬后室内无作物时用硫黄消毒。

（2）整地施肥。施足有机肥，每亩施用优质腐熟有机肥1 000千克、饼肥150～200千克。有机肥和饼肥充分腐熟细碎，2/3有机肥全面撒施，翻耙1～3次，使粪土混匀，耙平后做畦；其余1/3有机肥和全部饼肥做畦后沟施。施肥后，深翻土壤30厘米左右，整细耙平。

（3）做畦与覆地膜。南北方向做畦，宽窄垄（大小垄），小行距为50～55厘米，大行距为75～80厘米，然后两垄覆盖一幅地膜。

（4）定植。生产上确定适宜定植时期的标准为：以根毛发生的最低温度12℃为依据。距温室前沿30～40厘米处，10厘米地温连续3～4天稳定在12℃以上时方可定植；若定植后扣小拱棚或者地膜，可在10厘米地温稳定在10℃左右时定植。定植时可采取两种方式：一种是覆地膜→开穴→摆苗→点水→封沟；一种是开沟→摆苗→引水浇沟→水渗后封沟→覆地膜。定植时株距一般为28～30厘米，每亩定植3 300～3 500株左右。

2. 根瓜采收前管理

从定植至根瓜采收前，是黄瓜根系生长、茎叶生长、开花坐瓜的时期。通过肥水管理，灵活掌握促控技术，协调营养生长和生殖生长的平衡关系，保证茎叶生长和发根，保证坐瓜，防止徒长、花打顶、根瓜坠秧等问题。

根据生长特点，可划分为以下3个时期。

（1）定植——缓苗。此阶段管理的重点是增温、保温、促进缓苗。白天气温控制在 28～30℃，但不可超过 35℃，夜间温度控制在 20～22℃，不低于 16～18℃。

采取棚膜密闭，不放风；加设小拱棚；晴天适当晚揭早盖草苫等措施来保温。定植后采取暗沟浇水，以浇透垄背为宜。

当幼苗清晨叶缘出现水珠，根部发生大量白根，心叶颜色变浅，并且开始生长时，说明幼苗已经成活。

（2）缓苗后——根瓜坐住前。根瓜坐住前管理的重点以促根控秧为主。白天气温控制在 25～30℃，夜间温度控制在 13～15℃，不低于 10℃。缓苗后（定植后 6～10 天），采取膜下暗灌的方式轻浇缓苗水。若秧苗长势差且黄弱，可喷施叶面肥改善植株营养状况。

冬春茬黄瓜以主蔓结瓜为主，进入甩蔓倒秧时就应及时进行吊蔓（图 3－3）。吊蔓时要调整黄瓜生长点高度整齐一致。同时利用吊蔓技术来调整黄瓜长势，对旺长株可在吊蔓时有意让其生长点平长可削弱上强趋势，待长势稳定后再让生长点直立向上生长。每天上午要进行掐须抹杈，去除雄花，以减少养分消耗。

图 3－3　黄瓜吊蔓

(3) 根瓜坐住——根瓜采收前。当黄瓜长至10厘米、瓜把发黑时证明根瓜已经坐住。此阶段的管理重点为适时适量地供给肥水，根瓜坐住后，瓜条开始迅速膨大，生长中心从营养生长为主转向营养生长和生殖生长并进的时期，应注意合理采取措施使营养生长和生殖生长达到平衡。

根瓜坐住后或者根瓜采收前后，依墒情和植株长势确定浇水时期，灌水量宜小不宜大，注意灌水时间不能提前，以免营养生长过剩出现疯秧现象。结合根瓜水冲施速效性化肥，追施量宜小不宜大，一般每亩施用尿素10~20千克、硫酸铵20~30千克，若底肥不足，还可开沟施入饼肥或复合肥、磷酸二铵等。

3. 结瓜期管理

黄瓜此阶段生育特点为茎叶生长和果实生长同步进行，通过对日光温室的温、光、水、肥、气五大环境因子调控，协调秧果生长平衡关系，加强病虫害综合防治，延长结果期，以获得早熟丰产。

(1) 初瓜期至盛瓜期的管理。

①温度管理。此阶段进行“四段变温”管理。晴天上午温度控制在28~30℃，不超过35℃；晴天下午温度控制在20~25℃；前半夜温度为15~18℃；后半夜温度为10~13℃，不低于5~6℃。一旦遇上阴雨或连阴雨天气，应适当降低管理温度，加强保温防寒。白天温度控制在23~25℃，不低于18~22℃；夜温控制在10℃，不低于5~6℃。

②追肥管理。黄瓜喜肥又不耐肥，追肥应注意少施勤施，一般“隔水追肥”或“水水带肥”。每亩施用硝酸铵15~20千克，或尿素10~15千克，还可追施1~2次磷钾肥，如每亩施用磷酸二铵15~20千克、硫酸钾10~20千克。此外，还可根据植株长势配合叶面施肥。

③水分管理。黄瓜喜湿怕旱不耐涝，宜“小水勤浇”，保证土壤湿度80%～90%。大水漫灌易造成沤根和室内高湿，死秧和病害蔓延。植株缺水干旱时长势锐减，化瓜严重或瓜条生长极其缓慢。浇水宜在晴天上午进行，中午高温期、下午、傍晚或阴雨天不能浇水。初瓜期7～10天（地膜覆盖15天），只浇小沟不浇大沟；盛瓜期（4月以后）3～5天，大沟小沟同时浇灌。临时空秧无瓜时，应适当停水。

④光照调节。结瓜期保证充足的光照，是日光温室栽培成败的基本条件，也是产量效益高低的关键，应采取多种措施改善光照条件。

⑤植株调整。

落蔓：吊蔓黄瓜架高一般2～2.2米，在黄瓜生长将至架顶时就应及时落蔓，不要等到黄瓜蔓乱了时再落蔓。落蔓高度要根据温度来定，棚内温度高，黄瓜长势较旺，一般每隔10～15天就得落一次，每次落到1.3～1.4米即可，每次落蔓不要超过50厘米，以免影响黄瓜的正常生长。在深冬季节，棚内温度较低，黄瓜本身长势就慢，如再遇到连阴天，黄瓜极易出现封头现象，此时落蔓时要“小动大不动”。将黄瓜蔓落到1.5～1.6米为宜，每次落蔓不超过30厘米。同时在落蔓时保证同行内黄瓜生长点高度整齐一致或南低北高（差不超过20厘米）。

疏瓜：要让黄瓜植株能持续健壮地结好瓜，原则上要按2～2.5片叶保一个瓜的原则，即每节留一个成品瓜，连留2个瓜后，上二节瓜摘除，再向上节间正常留瓜。疏瓜是要疏除瓜胎不正或生长异常的雌花或幼瓜，留周正的高商品性瓜。

摘除老叶、病叶：及时摘除病、黄、老叶，保证植株上有16～20片功能叶，未采收瓜条要留3～4片叶。摘叶要随生长进行，不可一次摘叶过多。

保瓜：生产中利用吡效隆等提高坐瓜率和加速瓜条生长。要根据植株长势调整好蘸花的早晚，植株长势强的可在开花前3～4天蘸瓜；弱株可在开花前1～2天蘸瓜；为生产顶花带刺的黄瓜应早蘸幼瓜。

（2）结瓜后期的管理。满架摘心后，进入结瓜后期。管理的重点是加强管理，防早衰，延长结瓜期，增产增值。此时期应注意加强通风，降温排湿，白天温度控制在28～32℃，不超过35℃，夜间温度控制在15～20℃。

5月以后，随着气温回升应加强通风、昼夜通风、放底角风、开后墙风口放对流风。傍晚浇水降低室内温度，摘心后控水促结回头瓜。回头瓜坐住后，再浇水，并追一次钾肥，适量追施氮肥。瓜条大量畸形时，应及时拉秧清园。

4. 采收

正常情况下，花后10天采瓜；冬季或早春气温低、光照较弱，约需15天才能采瓜；如遇阴天较多、室内温度低、光照弱，20天才能采瓜。摘瓜宜在早晨进行，以利增重和鲜嫩喜人。初瓜期，特别是根瓜宜早采摘，防止坠秧；秧弱时宜摘早摘小，秧壮时宜摘大瓜；看市场行情采瓜，价格高时及时采收上市。

（三）日光温室秋冬茬种植技术

日光温室秋冬茬黄瓜是8月上旬播种、9月上旬定植，辅以保证黄瓜正常生长发育的栽培技术。由于这茬黄瓜前后可收获一茬菜，苗期处于高温、长日照的秋季，定植后日照时数逐渐减少，气温、地温逐渐降低，不利于雌花形成和坐果，因此，在生产中要选择既耐低温又耐高温、长势强、高产、抗病和品质好的品种，加强黄瓜定植后的管理，是秋冬茬黄瓜日光温室栽培的关键。

1. 品种选择

日光温室秋冬茬黄瓜栽培应选择既耐低温又耐高温、长势强、高产、抗病和品质好的品种，目前采用较多的是津杂2号、夏丰1号、秋棚2号、季月等品种或杂交种。

2. 培育壮苗

（1）育苗场地的选择和苗床的制作。秋冬茬黄瓜的育苗期正值高温强光多雨季节，不利于幼苗的生长发育。因此，选择适宜的苗床场所非常重要。在日光温室或大棚覆盖旧薄膜的情况下，苗床可以选择在温室大棚内（因为旧薄膜经污染后透光率低），如果打开温室前底角和后部放风，就会形成凉棚，避免高温强光和降水对幼苗生长发育的影响。另外，也可采用露地扣小拱棚，高畦、有滴膜加遮阳网覆盖，防高温、强光和雨水育苗。因为晴天将小拱棚膜四周卷起，通过遮阳网也能形成凉棚。

（2）播种育苗。以8月为播种适期。苗龄25天，定植时幼苗两叶一心为好，这样伤根少、易缓苗、少得病。育苗最好采用营养钵一次育成苗，可有效防止病毒病的发生。选用不重茬园土，充分发酵好的农家肥和马粪各占1/3。农家肥最好应用鸡粪、大粪、草木灰等混合与园土、马粪混均过筛配成床土。

（3）苗期管理。秋冬茬黄瓜的幼苗期主要应以减少光照、降低温度、保持一定湿度、中耕除草防徒长为重点管理目标。具体措施是适当遮光，使棚内透光率为50%左右；大放风，使空气流畅，防止徒长；勤灌水，使土壤见干见湿，每次浇水应在早晨进行，应勤浇少浇，保持土壤一定湿度，降低地温；雨前要覆盖薄膜，防止雨水漏入室内或拱棚内，雨后还要及时放风排湿；秋冬茬黄瓜育苗期正处于高温环境，不利于雌花形成，应在1片真叶时喷1次150～200毫克/千克的乙烯利，2

片叶时再喷 1 次，可显著增加雌花数量，提高前期产量。

3. 整地定植

定植前每亩撒施优质腐熟农家肥 5 000千克，然后深翻细耙，做成 50 厘米小行距、80 厘米大行距的垄，再将幼苗按 30 厘米的株距定植。株间点施磷酸二铵，亩用量 30 千克。栽苗最好在下午和阴天进行，浇水量要大，以利于成活。

4. 定植后的管理

日光温室秋冬茬黄瓜生育前期处于高温强光季节，因此，这一时期应以降低温度为中心，主要采取昼夜大放风、勤浇水、适当松土等措施。定植后 3 ~ 4 天灌 1 次缓苗水，用满畦或全沟灌水，表土半干时松土。根瓜坐住后开始 1 周灌 1 次大水。进入 11 月中旬，天气逐渐变冷，浇水量要逐渐减少，进入 12 月基本不要灌水。

根瓜采收后，可随水追施尿素 10 ~ 15 千克/亩，以后隔水追肥 1 次。在温度管理上，前期要放风降温，后期要加强保温。9 月中旬以后夜间要覆盖底角膜，10 月下旬夜间气温低于 12℃要盖草帘。11 月中旬以后还要加盖纸被保温。在光照管理上，冬季要尽量擦净塑料薄膜上的污染物，增加透光率。

在植株调整上，除及时摘除老、病、黄叶和 10 节以下的侧枝外，对于 10 节以上的侧枝要留一条瓜后，在瓜前留 1 片叶摘心，主枝长至 25 ~ 30 节时摘心，以促进回头瓜的形成和生长。

5. 采收

秋冬茬黄瓜一般在 10 月中旬就开始采收，“顶花带刺，刺棱明显，瓜条鲜绿”为采收适期。采收原则是：根瓜收得早，腰瓜摘得巧，梢瓜摘得好。畸形瓜随时摘除，以摘小、摘了为原则。结果前期温室内的温、光条件比较好，因此要重摘。结果后期温度低，瓜条生长慢，要轻摘。最后一茬瓜经过短期贮藏可供应新年市场。

（四）主要病虫害防治

主要病害有病毒病、霜霉病、软腐病等。防治病毒病可在定植前后喷一次20%病毒A可湿性粉剂600倍液，或1.5%植病灵乳油1 000～1 500倍液；防治霜霉病可选用25%甲霜灵可湿性粉剂750倍液，或69%安克锰锌可湿性粉剂500～600倍液，或75%百菌清可湿性粉剂500倍液喷雾，7～10天1次，连喷2～3次；防治软腐病用72%农用硫酸链霉素可溶性粉剂4 000倍液，或新植霉素4 000～5 000倍液喷雾。

大白菜主要虫害有蚜虫、菜粉蝶（菜青虫）、菜螟等。蚜虫发生初期，用50%马拉硫磷乳油1 000倍液，或者2.5%溴氰菊酯2 000倍液连续喷洒几次，或用50%抗蚜威可湿性粉剂2 000～3 000倍液喷雾；菜螺幼虫孵化盛期或初见心叶受危害时，用50%杀螟松乳油1 000倍液，或2.5%敌杀死乳油300倍液喷洒，连喷2～3次。

二、西瓜

西瓜起源于非洲南部的撒哈拉沙漠地区。在古埃及五六千年前已有西瓜种植，由埃及向东传入西亚地区，沿古代“丝绸之路”传入新疆，因来自西域，故称西瓜。西瓜主要以鲜果供食，含丰富的糖、矿物质和多种维生素，可清热解暑，对高血压、肾炎、浮肿、糖尿病和膀胱炎具有一定辅助疗效。西瓜在世界十大水果之中名列第五，为夏季水果之王。我国设施栽培西瓜始于20世纪70年代，初期以小拱棚发展最快，面积最大，到80年代中后期，中棚覆盖栽培的发展速度超过了小拱棚，到90年代，随着塑料大棚和日光温室在蔬菜生产中的异军突起，也使西瓜设施生产得到迅速发展。

(一) 西瓜的类型

根据生育期的长短分为早、中、晚熟品种。早熟品种第一雌花发生在主蔓5~7节，从授粉到果实成熟需28~30天。中熟品种第一雌花发生在主蔓7~10节，从授粉到果实成熟需30~35天。晚熟品种第一雌花发生在主蔓11节以上，从授粉到果实成熟需35~40天。

根据果实大小分为大中果类型和微型礼品果类型。微型礼品西瓜单果重1~2千克，果形小巧美观，携带方便，是高档礼品瓜，很多地方作为高效农业项目之一。

根据果实有无种子分为普通西瓜、少籽西瓜和无籽西瓜。

根据瓤色分为白瓤类型、红瓤类型和黄瓤类型。

(二) 优良品种

常用的普通大中果形优良品种有京欣1号、京欣2号、郑杂9号、西农8号、丰收2号、京抗1号、庆发8号等。

常用的微型礼品西瓜优良品种有小玉、红小玉、黄小玉、早春红玉、黑美人、特小凤、小兰等。

常用的无籽西瓜优良品种有雪峰花皮无籽、黑蜜2号、黑蜜5号、郑抗无籽3号、无籽304、蜜红无籽、蜜黄无籽、小玉黄无籽、金福无籽、小玉红无籽等。

(三) 双膜覆盖西瓜栽培技术

双膜覆盖即地面覆盖地膜，上设小拱棚的早熟栽培形式，是目前国内各地普遍推广应用的早熟栽培方式。它把地膜覆盖和小拱棚覆盖两者的优点结合起来，是目前最有利于实现高产稳产的早熟栽培方式之一，且设备简单，成本低，经济效益好。

1. 育苗

双膜覆盖栽培以早熟为目的，应选用早熟、优质、高产的品种。

（1）苗床准备。苗床应设在日光温室、塑料薄膜拱棚等保护设施内，苗床上还应架设塑料小拱棚，并备有草帘等覆盖物。若地温低，苗床还应铺设地热线，以提高地温。

床土要求疏松透气，保水保肥能力强。用以配制床土的原料很多。每立方米床土中加入氮、磷、钾复合肥1.5千克，充分搅拌均匀。

过筛后，用50%多菌灵可湿性粉剂800倍液、40%氧化乐果乳油2 000倍液混合喷洒消毒。将床土装入营养钵内（营养钵规格为8厘米×8厘米或10厘米×10厘米）。

（2）播种及苗期管理。采用温汤浸种方法（参见黄瓜温汤浸种部分），水温降至30℃左右，再浸种6～8小时。将种子用湿毛巾或纱布包住，置于28～30℃条件下催芽。华北地区一般在2月下旬播种，选晴天上午进行。

播种时，先将营养钵浇透水，待水渗下后点播，播后覆1.5厘米厚的细土，然后用地膜覆盖保墒。出苗前苗床气温保持28～30℃，夜温18℃左右，地温18～22℃。子叶顶土时揭去地膜，并适当降温，白天22℃左右，夜间15～17℃。幼苗破心后，白天25～30℃，夜间20℃左右，并注意增强苗床光照。

2. 整地施肥、作畦及扣膜

（1）整地施肥。秋茬作物收获后，冬前深耕25～30厘米，晒垡。开春后，结合施肥将地整平。按2.7米的行距挖宽70厘米、深20～30厘米的丰产沟，向沟内集中施入基肥，每亩施优质土杂肥3 000千克，过磷酸钙50千克，草木灰100千克（或硫酸钾20千克）。

（2）做畦。然后在沟上做宽70厘米、高10～15厘米的龟背高畦作为苗畦，将来在畦上定植两行瓜苗；掩畦（爬蔓畦）

宽2米。畦最好南北向，瓜蔓东西对爬。这样两行植株受光均匀。

(3) 扣膜。定植前10天左右，在龟背高畦上盖地膜，在高畦两侧插小拱棚骨架。骨架一般用竹条、细竹竿及树枝等作材料，长度2米左右。支棚时，先将骨架两端插入土中，形成高50~60厘米、底宽80~90厘米的小拱架，两个拱杆间距60~80厘米，再用细竹竿从两侧将小拱架串连起来，形成小拱棚架。每个棚长25~30米。

3. 定植

华北地区一般在3月下旬至4月上旬定植。定植应在阴尾晴头的上午定植。

采用双行高畦栽培，使两行的瓜苗呈三角形排列，株距30~40厘米，行距50厘米。按株距在地膜上割“T”形或“十”字形孔，并在高畦上挖坑或用打孔器打孔，向坑内浇水，水未完全渗下时栽苗。

注意栽苗不可太深，覆土时将定植穴四周的地膜压严，并在植株基部培土。边定植边盖好棚膜升温，促进缓苗。

4. 定植后的管理

(1) 温度管理。定植后1~5天，以增温保温促缓苗为主，当棚内温度超过35℃时放小风；定植后5~7天，缓苗长出新叶后，超过30℃时放小风，低于30℃时及时关闭风口。定植15天左右开始进入伸蔓期，当主蔓6片真叶已经展开、蔓长20~25厘米时，应加大放风保持棚温25℃左右。

当外界气温稳定在18℃以上，最低气温稳定在12℃以上时撤棚，撤棚前3~5天逐渐加大放风量，逐渐过渡到夜间不加覆盖物，最后撤膜。

(2) 肥水管理。双膜覆盖前期以保温为主，水分蒸发量小，一般不灌水。幼瓜长至直径5厘米左右，已褪毛并开始膨大时，结合浇水，追1次膨瓜肥，每亩施氮磷钾复合肥20千克，以后土壤保持见干见湿。为防止植株早衰，可叶面喷施0.3%的磷酸二氢钾，每7～10天喷一次，能促进果实的膨大，显著提高西瓜品质。采前7天停止浇水。

（3）植株调整。整枝此茬西瓜以早熟为目的，整枝方式一般采用单蔓整枝或双蔓整枝。

压蔓撤棚后，按瓜蔓方向顺蔓并进行压蔓，一般采用暗压的方式，即将一定长度的瓜蔓埋入土中。方法是先用瓜将瓜蔓下面的土壤松拍平，用瓜铲顺瓜蔓走向斜入土中开一深约6厘米、宽4厘米的浅沟，沟应后深前浅，将瓜蔓理顺拉直埋入沟中，只露叶片和秧头，覆土拍实。

摘心瓜蔓爬满掩畦，并与前排瓜蔓重叠时，用手轻轻将顶尖掐掉。摘心时应在瓜蔓前留15片以上功能叶。瓜蔓短、生长势弱、叶面积小的品种可不摘心。

（4）人工授粉和选瓜定瓜。人工授粉第二雌花开放后，须进行人工授粉。于7～9时，摘下盛开的雄花，去除或后翻花瓣，露出雄蕊，将花药在雌花柱头上轻轻涂抹，让花粉均匀地落在雌花的柱头上，1朵雄花可为2～3朵雌花授粉。

选瓜定瓜生产上大中型瓜品种一般每株留一个果（微型礼品瓜和其他特殊栽培形式除外），多留主蔓第二或第三雌花所结果实。双蔓整枝的植株，在雌花开放期，主、侧蔓各留一个果实，当果实长到鸡蛋大小褪毛后定瓜。定瓜应选子房周正、果皮颜色新鲜发亮、长相良好的幼瓜，最好从主蔓上选留，若主蔓上果形不好或受损及有病虫危害时，可选留侧蔓瓜。

（5）垫瓜和翻瓜。西瓜拳头大小时将瓜下土壤松动，整细拍平，作成斜坡形高台，然后将瓜顺直平放在平台上。

在多雨地区可在瓜下垫上稻草和麦秸，或把幼果顺直平放在草垫上；在西瓜定个后，还要每隔3～5天翻瓜一次，共翻2～3次，以提高商品价值。在果实八成熟时把瓜竖起来，竖瓜可使果形圆正、果实着色良好。

5. 采收

采收西瓜最好在上午进行，宜将果柄留在瓜上，有利于西瓜保鲜、延长藏时间。掌握采收标准，适时采收很关键。

(四) 塑料大棚西瓜栽培技术

塑料大棚多重覆盖栽培一般可比露地早定植近2个月，比双覆盖栽培提早15～20天，并且品质优良，总产量一般可比双覆盖增产20%～40%，产值也相应增加20%以上。

1. 整地施肥

做畦方式一般采用小高垄，按1米行距作小高垄，垄基部宽60厘米，垄面宽40厘米，垄高10～15厘米，垄沟宽40厘米。垄上覆盖60厘米宽地膜，垄沟不盖膜以便沟内灌水。每亩施优质有机肥或腐熟鸡粪3 000～4 000千克，过磷酸钙50千克，硫酸钾15～20千克，腐熟饼肥100千克。底肥中的有机肥在普遍耕翻时施入一半，丰产沟内施一半。

2. 品种选择

大棚栽培西瓜，要选中早熟、耐低温弱光、丰产抗病、单瓜较重、易坐瓜、适宜密植和搭架栽培的品种。

3. 嫁接育苗

于2月初播种，育苗期需35～40天，在日光温室内采用营养体或营养土块育苗。在大棚等固定的保护设施内栽培西瓜必须进行嫁接育苗，可增强耐低温、弱光和抗病能力。目前西瓜生产上应用的砧木品种有黑籽南瓜、长瓠瓜、圆葫芦、京欣砧1号等。西瓜嫁接方法比较多，主要有以下几种。

(1) 顶插接法。西瓜嫁接普遍采用的方法，操作简单，但对湿度和光照要求较严格。当西瓜砧木第一片真叶展开，接穗两片子叶展开时为嫁接适宜时期。顶插接法接穗一般比砧木晚播 7～10 天，在砧木出苗后接穗浸种催芽。

（2）靠接法。靠接法要求砧木和接穗大小相近，由于砧木一般发芽出苗较快，应比接穗晚播 5～10 天，即西瓜苗出土后再播瓠瓜。具体嫁接方法参见黄瓜育苗部分。

（3）贴接法。接穗在砧木种子顶土时浸种，当砧木幼苗有一片真叶、接穗幼苗子叶展平见真叶时为适宜嫁接时期。砧木苗，用刀片斜向下约 30°切掉真叶和 1 片子叶，留 1 片子叶，切口长度约为 1 厘米。接穗西瓜苗，在子叶下方 1 厘米处用刀片斜向下 30°切一与砧木苗吻合的切口。将砧木和接穗的切口紧贴在一起，用嫁接夹固定，放在小拱棚中进行嫁接后特别护理，直到切口愈合。

4. 移栽定植

大棚西瓜在采用 3 层薄膜（大棚、小拱棚、地膜）覆盖情况下，可比拱棚双覆盖早定植 15～20 天。可掌握在棚内 10 厘米土壤温度稳定 13℃以上，平均气温 18℃以上，棚内最低气温在 5℃以上时定植。河北中部地区可在 3 月下旬定植。大棚内的栽植密度爬地栽培一般中熟品种 500～600 株/亩，支架栽培 1 000～1 100株/亩。

定植应选晴天进行，在 9 时至 15 时栽完。定植时破膜划穴、然后浇底水，水渗后栽苗，最后封穴。

5. 定植后的管理

（1）温湿度管理。早春定植后以保温、增温为主，少浇水、放风排湿，通风口应迟开早关。4 月下旬伸蔓后，气温上升，大棚内常出现 40℃以上的高温，要及时通风降温，把温度控制在 30℃以下。要注意晴天中午加强通风，夜间注意保温，使棚温维持在白天 25～35℃，夜间 15～20℃。西瓜适宜的空气相对湿度白天为55%～65%、夜间为75%～85%。

(2) 改善光照条件。西瓜要求较强的光照，要注意改善棚内的光照条件。要及时整枝、打杈和打顶，使架顶叶片距棚顶薄膜有30～40厘米的距离，防止行间、顶部和侧面郁闭。绑蔓时，要注意使叶片层间有20～30厘米的间距，防止相互重叠。

(3) 追肥浇水。缓苗后至伸蔓期可不浇水；若土壤过干时，可顺沟灌一次透水。此后保持见湿见干，通过控水来提高地温，使瓜秧健壮。在伸蔓期，插支架前，可灌2次水，水量适中即可。开沟追肥和插架后，可再浇1次水，以利于发挥肥效，促进伸蔓。开花坐果期不浇，以防止徒长和促进坐瓜。幼瓜长到如鸡蛋大小，可3～5天浇1次水，促进幼瓜膨大。西瓜定个后每隔5～7天浇1次水，采收前7天停止灌水，促进西瓜转熟和提高品质。

在支架栽培情况下，可在支架前，大棚内的小拱棚撤除后，在瓜垄两侧开浅沟施用氮磷复合肥20千克/亩，硫酸钾5～10千克/亩，以促进伸根发棵，并为开花坐果打下基础。幼瓜坐住后，再施复合肥20千克/亩，硫酸钾10千克/亩。果实定个后，为防止蔓叶早衰，可用0.3%的磷酸二氢钾叶面追肥1～2次。采收二茬瓜时，可在头茬瓜采收后，二茬瓜坐住时再追施三元复合肥15千克/亩。

(4) 棚内气体调节。大棚密闭期间，棚内二氧化碳浓度随着光合作用的进行而降低，往往不能满足光合作用的需要，进行二氧化碳施肥具有显著增产和改善品质的效果。

(5) 整枝绑蔓。

①整枝。大棚密植栽培条件下，采用一主一侧双蔓整枝法。整枝工作主要在瓜坐住以前进行，但在后期伸出的多余侧蔓也应随时去掉。支架栽培去侧蔓（打杈）工作要一直进行

到满架打顶。在去侧蔓的同时要摘除卷须。西瓜膨大后，顶部再伸出的侧蔓和孙蔓，应以不遮光为原则决定去留，若植株健壮也可不留。

②搭架绑蔓。在定植后20天，主蔓长30厘米左右，去掉大棚内小拱棚后，立即用尼龙绳或聚丙烯带进行吊蔓，绑好第一道蔓后，随瓜蔓伸长，呈小弯曲形向上引蔓绑蔓，并注意使各蔓的弯曲方向一致，上下每两道绑绳之间距离25~30厘米，直绑到架顶，绑蔓时应采用“8”字形绳扣，防止脱下。

地爬栽培的理蔓方法与双覆盖栽培的基本相同，由于在大棚内无风，故可在伸蔓后及时引蔓和整枝，可省去压蔓等措施。为引导瓜蔓向预定方向伸长，只需用枝条在一定部位固定瓜蔓，或在畦面铺草，既能通过西瓜卷须缠绕而固定瓜蔓，又能减少土壤水分蒸发。

（6）人工授粉。大棚西瓜定植早，外界气温低，昆虫很少活动，自然授粉难，必须进行人工辅助授粉才能确保坐果。人工授粉具体方法参照双层膜覆盖技术。

（7）选瓜吊瓜。授粉后3~5天，幼果即明显长大，当瓜长到鸡蛋大小时，应进行选瓜。每株选留一个柄粗，无伤、无畸形的幼瓜。要优先在主蔓上留瓜；主蔓上留不住时，可在侧蔓上留瓜，其余未选留的瓜应及时摘掉。

吊蔓栽培，当瓜长到碗口大，应及时吊瓜。吊瓜工具为纱网或纵横拉塑料带编织成大孔网，用4根塑料绳吊住。将吊瓜网兜的吊绳拴牢在立架上部横竿上或立竿上。

（8）其他管理及采收。大棚内温度高，湿度大，易发生病虫害，特别是支架栽培蔓叶满架后，棚内蔓叶茂盛，空气流通较差，蚜虫及病害发生较重，必须注意加强防治。

采收方法、标准及其病虫害的防治参见西瓜双层膜覆盖栽培技术。

（五）设施西瓜主要病虫害及防治

1. 主要病害及防治

（1）枯萎病。西瓜枯萎病俗称“死秧病”，发病初期，病株茎蔓上的叶片自基部向前逐渐萎蔫，似缺水状，中午更明显，最初1~2日，早晚尚能恢复正常，数日后，植株萎蔫不再恢复，慢慢枯死，多数情况全株发病，也有的病株仅部分茎蔓发病，其余茎蔓正常。发病植株茎蔓基部稍缢缩，病部纵裂，有淡红色（琥珀色）胶状液溢出，根部腐烂变色，纵切根颈，其维管束部分变褐色。

防治方法：发病初期选用500~600倍的高锰酸钾溶液，或40%超微多菌灵300倍液灌根。还可选用40%拌种双300倍液，或2%农抗120水剂50~100倍液，或75%百菌清可湿性粉剂800倍液，或70%甲基托布津可湿性粉剂1 000倍液等药剂。以根际为中心，挖8~10厘米的圆坑，注意勿伤根部表皮，使根头和根颈部裸露，随即灌药，每株500毫升，3~5天后再灌1次，即可覆土封坑，对发病植株有较好的治疗效果。

（2）炭疽病。西瓜炭疽病在整个生长期内均可发生，但以植株生长中、后期发生最重，造成落叶枯死，果实腐烂。在幼苗发病时，子叶上出现圆形褐色病斑，发展到幼茎基部变为黑褐色，且缢缩，甚至倒折。成株期发病时，在叶片上出现水浸状圆形淡黄色斑点，后变褐色，边缘紫褐色，中间淡褐色，有同心轮纹。病斑扩大相互融合后易引起叶片穿孔干枯。在未成熟的果实上，初期病斑呈现水浸状，淡绿色圆斑，成熟果实上开始为突起病斑，后期扩大为褐色凹陷，并环状排列许多小黑点，潮湿时生出粉红色黏状物，多呈畸形或变黑腐烂。

防治方法：发病初期可喷施2%农抗120水剂200倍液，或2%农抗武夷霉素150倍液，或50%甲基托布津可湿性粉剂

500～800 倍液，或 75% 百菌清可湿性粉剂 600 倍液，或 80% 炭疽福美可湿性粉剂 800 倍液。各种药剂交替使用，每隔 7 天喷 1 次，连续防治 2～3 次。

（3）蔓枯病。叶子受害时，最初出现黑褐色小斑点，以后成为直径 1～2 厘米的病斑。病斑为圆形或不规则圆形，黑褐色或有同心轮纹。发生在叶缘上的病斑，一般呈弧形。老病斑上出现小黑点。病叶干枯时病斑呈星状破裂。连续阴雨天气，病斑迅速发展可遍及全叶，叶片变黑而枯死。蔓受害时，最初产生水浸状病斑，中央变为褐色枯死，以后褐色部分呈星状干裂，内部呈木栓状干腐。蔓枯病与炭疽病在症状上的主要区别是：蔓枯病病斑上不产生粉红色黏性物质，而生有黑色小点状物。

防治方法：在未发病时，或发现个别植株感病时，每周喷 1 次 1：1：200 的波尔多液（硫酸铜：生石灰：水 =1：1：200），或用 45% 百菌清烟剂熏蒸，连续 2～3 次；茎部发现病斑，可用 70% 代森锰锌 50 倍液，或强壮素 5 倍液涂抹。

2. 主要虫害及防治

（1）红蜘蛛。西瓜红蜘蛛 5 月下旬至 6 月下旬是主要的发生和危害期，红蜘蛛以成螨群集在瓜叶背面吸食汁液进行为害，初受害叶片呈现黄白色小点，后变成淡红色小斑点，严重时斑点连成片，叶背面布满丝网，瓜叶黄萎逐渐焦枯，直至脱落，严重影响植株的生长发育。

防治方法：在药剂防治上可用 15% 扫螨净 2 000倍液，或 15% 巴斯本 2 000倍液喷雾；20% 杀螨醋（K－6451）可湿性粉剂 800～1 000倍液、20% 三氯杀螨砜（涕滴思）可湿性粉剂 600～1 000倍液、40% 三氯杀蛾醇乳油 1 000～1 300倍液、50% 三环锡可湿性粉剂 4 000倍液、50% 溴螨菊酯乳油 1 000～1 300倍液、73% 克螨特乳油 3 000倍液、1. 8% 农克螨乳油

2 000倍液、20%灭扫利乳油2 000倍液、20%螨克乳油2 000倍液、0.9%虫螨克可溶性水剂3 000～4 000倍液。

（2）蚜虫及其他害虫的防治参见黄瓜、西葫芦等瓜类害虫的防治技术。

三、西葫芦

西葫芦别名美洲南瓜、搅瓜、北瓜等，是世界上各地主要蔬菜种类之一。西葫芦原产于北美洲南部，现分布于世界各地，欧美普遍栽培，我国于19世纪中叶开始种植，现已发展成为早春主要的瓜类蔬菜，在设施栽培的瓜类蔬菜中地位仅次于黄瓜。果实含糖、淀粉、维生素A、维生素E较多，种子含油量达30%，具有较高的营养价值。西葫芦性甘温，具消炎止痛、解毒等功效，常食用瓜子对治疗胃病、糖尿病、降低血脂等均有一定疗效。西葫芦多以嫩果炒食或做馅，种子可加工成干香食品。

短蔓型西葫芦耐低温、弱光能力较强，而耐热性较差，因此，露地、小棚、中棚、大棚等一般只能进行春早熟栽培。小棚和地膜覆盖，设施简单，投资少，栽培技术容易掌握，效益较高，是春季提前栽培西葫芦最普遍的形式。而日光温室栽培则可分为秋冬茬、越冬茬及冬春茬等栽培茬口。栽培茬口安排见表3－1。

日光温室栽培时，冬春茬在10月上旬到11月上旬播种，苗龄30天，定植1个月后采收；秋冬茬在8月中下播种，苗龄30～35天，10月中下旬采收；早春茬在1月上旬播种，苗龄30天，定植1个月后采收。大、中、小棚栽培在2月上中旬播种，苗龄30天，定植1个月后采收。

表 3－1　西葫芦设施栽培茬口安排

<table>
<tr><th colspan="2">栽培方式</th><th>播种期</th><th>定植期</th><th>收获期</th></tr>
<tr><td colspan="2">地膜小拱棚覆盖栽培</td><td>2 月下旬</td><td>3 月下旬至 4 月上旬</td><td>4 月下旬至 6 月上旬</td></tr>
<tr><td rowspan="3">日光温室</td><td>秋冬茬</td><td>8 月中下旬</td><td>9 月中旬</td><td>10 月中旬至 12 月中旬</td></tr>
<tr><td>冬春茬</td><td>10 月上旬</td><td>11 月上旬</td><td>12 月上旬至 5 月下旬</td></tr>
<tr><td>早春茬</td><td>1 月上旬</td><td>2 月上旬</td><td>3 月上旬至 5 月下旬</td></tr>
</table>

（一）日光温室秋冬茬西葫芦栽培技术

秋冬茬西葫芦苗期处于高温季节，不利于花芽分化，定植初期环境温度较高，也容易诱发病毒病，产量较低，在温室各茬口中栽培难度最大。但由于秋冬茬西葫芦收获期处于蔬菜供应的秋淡季，种植的经济效益较高。

1. 品种选择

由于生长前期温度高，易于导致白粉病等发生，生产上应选择耐热性、抗病性强的短蔓型品种，如早花、亮玉、绿波等。

2. 播种育苗

（1）育苗要求。为提早上市，要求较大苗龄，适宜生长的天数为 20 天左右，幼苗 2～3 片叶展开，苗龄过大，定植时易于伤根、伤叶，不利于缓苗，且易导致病毒病的发生。壮苗标准是：株高 12 厘米，叶片平展，叶色浓绿，茎粗 0.4 厘米以上，茎节不明显，抗逆性强，根系完整，无病虫危害。

秋冬茬育苗在露地进行，采用苗床育苗或营养钵育苗。北方播种期在 8 月中下旬，播期天气较热，可直播，也可温汤浸种后再用温水浸种 6 小时，在 25 ~ 30℃催芽后播种，播种前底水浇足，以后保持充足水分供应，育苗期间不宜控水。

（2）育苗时的注意事项。

①保持适宜苗距。西葫芦叶柄长、叶片大，开展度较大，故苗床单株营养面积应在 10 ~ 12 厘米见方，不宜过密，否则易于造成后期苗床拥挤。

②防治戴帽出土。西葫芦种粒较大，出苗过程中种皮不易脱落，为防止种子戴帽出土，播种后种子上面覆土厚度应在 2 厘米左右。

③注意苗床遮阴和通风。白天温度过高，易于诱发病毒病和白粉病等，并造成幼苗老化。苗床应采用棚架上覆盖旧膜或遮阳网等方法遮阴，减轻高温的影响。

④营养土的配制。营养土的配制比例为腐熟的有机肥占 60%，田园土占 40%，每立方米的混合物中加磷酸二铵 1 ~ 1.5 千克，或尿素 0.3 千克，过磷酸钙 4 ~ 5 千克，草木灰 4 ~ 5 千克，充分拌匀后过筛。

⑤培育嫁接苗。采用黑籽南瓜与西葫芦嫁接，既克服土壤传染病害，又能早熟、高产。嫁接砧木常用云南黑籽南瓜。云南黑籽南瓜浸泡时间为 8 小时，然后搓去种子表面黏液，晾干表皮水分，在 30 ~ 33℃条件下催芽；西葫芦浸种催芽按常规方法进行。采用靠接法嫁接，西葫芦比黑籽南瓜晚播 1 ~ 2 天，也可以同时播种，嫁接方法同黄瓜嫁接。嫁接后的前 4 ~ 5 天主要是遮阴保湿，经 15 天左右嫁接成活，切断西葫芦根系。

3. 定植

应在前茬作物拉秧后尽早整地做畦，重施底肥，整地前铺施腐熟农家肥每亩 5 000千克、磷酸二氢铵等复合肥 40 ~ 50 千克。1/2 翻耕前撒施，1/2 翻耕后挖沟集中施用，施肥后做垄或高畦，单行栽培时畦宽 60 厘米；双行栽培时畦宽 1 ~ 1.2

米，最好一膜盖双垄。西葫芦定植前 5～10 天，应将温室用防雾滴、防老化农膜进行覆盖，老温室还应在定植前 2～3 天用硫黄、敌敌畏等进行熏烟消毒处理。

定植期多在 9 月中下旬。秋冬茬西葫芦栽培适宜的定植密度为 2 200～2 500 株/亩，株行距（45～55）厘米×（50～60）厘米。选择阴天或晴天下午定植有利于缓苗，用明水定植法栽苗。

4. 栽培管理

（1）温度管理。定植后缓苗期保持白天 25～30℃，夜间 18～20℃为宜，缓苗后白天温度保持 18～22℃，夜间 8～10℃，上午温度到 25℃时开始放风，下午温度 13～14℃关风口。

开花坐果期西葫芦对温度敏感，白天保持 22～25℃，夜间前期通风量大，空气湿度小，要尽量避免 28℃以上的高温，便于控制白粉病和病毒病。进入 11 月后外界气温开始下降，应加强温室的保温管理，通风量不宜过大，必要时覆盖草苫，防止夜间温度过低，避免灰霉病的发生。草苫可早揭晚盖，尽量延长光照时间。12 月下旬至翌年 1 月下旬注意草苫晚揭早盖，适当提高白天气温。

（2）水肥管理。西葫芦根系吸水能力较强，不耐高湿，浇水的原则是小水勤浇，保持土壤见干见湿。在冬季温室内温度偏低、通风量小的情况下，浇水次数不宜过多、浇水量不宜过大，宜采用膜下灌水，避免室内空气湿度过高。

定植时浇足定植水，4～5 天缓苗时可轻浇水 1 次，并随水冲施尿素或硫酸铵 15 千克/亩左右，促进缓苗、发棵。及时中耕蹲苗，促进根系生长，防止徒长。矮蔓品种蹲苗时间要短，防止坠秧。第一雌花开放后 3～4 天，根瓜长到 8～10 厘米时，表明根瓜坐住，植株生长即将进入结瓜期，是加强水肥管理的标志。此时结合浇水追施尿素 10～20 千克/亩，以后约每5~7天浇水1次，约每15天追施氮磷钾复合肥15~20千克/亩。

（3）植株调整。

①去除侧枝。根瓜坐住前应及时摘除植株基部的少量侧枝。生长中后期，茎叶不断增加，但基部叶片距离底面过近，光照弱，湿度大，容易成为病源中心，当根瓜采收后可予以摘除。

②去除雄花及多余雌花。在西葫芦的生长期，雌花和雄花非常多，要疏掉部分雌花，雄花全部疏掉，必要时可以疏果，以减少养分的消耗。

③吊蔓。西葫芦越冬栽培虽然选用短蔓型品种，但由于生长期长，其茎蔓长度最终可以达到1米以上。自定植初期就应及时用塑料绳吊蔓，以保持植株田间生长状态和通风受光良好，而一旦出现植株倒伏后再行吊蔓易于扭伤茎蔓。

④去除老叶、黄叶。随着植株的生长，基部叶片逐渐老化、变黄，应注意及时疏除，防止消耗养分和诱发病虫害，改善基部通风透光条件。

（4）防止化瓜。多数情况下西葫芦可采用人工授粉的方法防止化瓜，西葫芦花在凌晨4~5时已开放，人工授粉应在天亮后8~9时及早进行。雨天尤其要及时授粉。方法是摘取雄花，将花药涂抹在雌花柱头上。

由于矮生型西葫芦雄花数量有限，进入结瓜盛期难以满足人工授粉需要，也可使用2，4-D或番茄灵等生长调节剂处理，使用浓度分别为20~25毫克/升或30~50毫克/升。处理时间在上午9时前后为好，处理方法是将药液涂抹在花柄或柱头或子房基部。注意涂抹均匀，避免使用浓度过大，否则易于造成畸形瓜。此外，为防止涂抹柱头后易于诱发灰霉病，可在药液中添加少量速克灵。

5. 采收

定植后 55 ~ 60 天即可进入采收期。果实在开花后 7 ~ 10 天，当果实重量达 250 ~500 克时即可采收。

西葫芦以嫩果为产品，强调根瓜早收，以免化瓜、坠秧，同时防止下位果对上位果的抑制作用。

图 3 -4　日光温室西葫芦

（二）日光温室冬春茬西葫芦栽培技术

冬春茬西葫芦栽培，实现了春节前上市，采收期长达 150 天，比日光温室春提前栽培的采收期延长 60 天，产量明显增加（图 3 -4）。冬春茬西葫芦高产栽培生产上除要在保温采光性好的日光温室内使用无滴防老化膜外，在栽培上须掌握以下几个技术要点。

1. 嫁接育苗

要使西葫芦在春节前上市并在春节前后获得较高的产量，应在 9 月下旬至 10 月上旬播种，并进行嫁接。

砧木选用云南黑籽南瓜，接穗选用早青一代，采用操作较简便的靠接法嫁接。此法关键要掌握播种时间，即西葫芦与催芽后的南瓜籽同一天播种，如果南瓜籽没催芽，西葫芦应比南瓜晚播种两天。每亩用西葫芦种子 0.25 千克、黑籽南瓜种子 2.5 千克。具体操作方法同黄瓜靠接法。

当西葫芦 3~4 片叶时开始定植。

2. 定植

施足底肥，平整好地块，按长宽各 100 厘米、60 厘米的大小行，起高约 10 厘米的高垄，按株距 55 厘米座水定植，小垄覆盖 1.1~1.3 米宽的地膜。

以后浇水仅浇小垄，采取膜下暗灌法，以便于控制室内湿度，提高室内温度。

3. 吊蔓

于西葫芦 8~10 片叶时，用塑料绳系于瓜秧基部，绳的上端系于棚架的专用铁丝上（图 3-5）。

图 3-5　西葫芦吊蔓

当瓜蔓爬到棚顶后，清除下部老叶，松开渔网线或塑料绳，使瓜蔓下盘，瓜龙头继续上爬，使结瓜后期仍能保持较好的生长空间。

4. 提高坐果率和疏果

为提高坐果率，生产上常用 2，4-D 25~30 毫克/升或防落素20～30毫克/升喷花或涂花柄，在喷花蕊时，可在调节剂中加入0.1%速克灵以防治灰霉病。

结瓜初期（1～2月）为提高结瓜率，可适当进行疏花疏果，每株每次留1～2个瓜形好的瓜，其余的去掉，待上一个瓜采收后用同样的方法选留下一个瓜，至3月植株长势增强，温光条件好转后，可视植株长势免去人工疏果，一株上可同时留几个瓜。

5. 肥水及温度管理

瓜秧5～6片叶时开始蹲苗，雌花开放后3～4天，幼瓜长到10厘米长时，每亩施15千克尿素、4千克磷酸二氢钾，3月后加施麻酱渣50千克。浇水采用小垄膜下暗灌法，只浇小垄。

天气变暖后，每隔3～4天浇1次水，6～8天追1次肥。天气转暖后随放风口的增大其需水量也增大，可大小行都浇。在温度管理上白天尽量保持在20～22℃，夜间13～16℃，不低于12℃，最高温度不超过25℃。

（三）设施西葫芦主要病虫害及防治

西葫户病害较少，在温室栽培中主要有灰霉病、白粉病和病毒病。

1. 主要病害及防治

（1）白粉病。苗期至收获期均可染病。主要为害叶片，叶柄和茎为害次之，果实较少发病。叶片发病初期，产生白色粉状小圆斑，后逐渐扩大为不规则的白粉状霉斑（即病菌的分生孢子），病斑可连接成片，受害部分叶片逐渐发黄，后期病斑上产生许多黄褐色小粒点（即病菌的子囊壳）。发生严重时，病叶变为褐色而枯死。

防治方法：用42%粉必清160～200倍液防治效果显著，

并且可兼治蚜虫。也可用50%硫黄悬浮剂250倍液或用300倍食盐水防治；或用45%百菌清烟剂或10%速克灵烟剂熏蒸，每亩0.25千克。发病初期用25%粉锈宁可湿性粉剂2 000倍液；或15%粉锈宁可湿性粉剂1 000倍液；或50%的多菌灵可湿性粉剂500倍液，从发病期起，7天喷1次，共喷2~3次。

（2）灰霉病。西葫芦灰霉病主要为害花、幼果、叶、茎或较大的果实。病菌首先从凋萎的雌花开始侵入，侵染初期花瓣呈水浸状；后变软腐烂并生长出灰褐色霉层，后病菌逐渐向幼果发展，受害部位先变软腐烂，后着生大量灰色霉层；也可导致茎叶发病，叶片上形成不规则大斑，中央有褐色轮纹，绕茎一周后可造成茎蔓折断。

防治方法：在未发病前可喷施70%代森锰锌可湿性粉剂500倍液；或1∶1∶200的波尔多液（硫酸铜∶生石灰∶水=1∶1∶200）进行预防。发病初期，摘除病瓜、病叶后，采用药剂防治。药剂防治可用50%速克灵1 200倍液，65%硫菌霉威1 000倍液，交替使用。阴天用30%百菌清烟剂每亩380克防治。冬季采用速克灵烟雾剂熏烟防治。入春后，用800倍液灰霉清或扑海因加农利灵500倍液喷洒。

2. 主要虫害及防治

温室白粉虱用80%敌敌畏30毫升/亩，拌锯末1.5千克，置炭火中熏棚杀死白粉虱成虫。幼虫用10%扑虱灵1 000倍液；或25%功夫5 000倍液防治。

第三节　豆类蔬菜的设施栽培技术

一、菜豆

菜豆又名四季豆、芸豆等，为豆科类豆属中一年生草本植物。菜豆是喜温性蔬菜，不耐霜冻和高温，可在春、夏、秋季栽培。早春可利用保护地栽培提早上市，随着日光温室的发展和新品种的更新，日光温室菜豆的发展较快，已基本实现周年供应。

（一）设施栽培茬口安排

1. 塑料薄膜大棚茬口安排

（1）华北地区的暖温带气候区菜豆塑料薄膜大棚栽培的主要茬口如下。

①春提前栽培。一般于温室内育苗，苗龄一般为 50 天左右。在 3 月中旬定植，4 月中、下旬始收供应市场，一般比露地栽培可提早收获 30 天以上。

②秋延迟栽培。一般是 7 月上中旬至 8 月上旬播种，7 月下旬至 8 月下旬定植，9 月上、中旬以后开始供应市场至 12 至翌年 1 月结束，其供应期一般可比露地延后 30 天左右。

（2）华南地区的热带和亚热带气候区菜豆塑料薄膜大棚栽培的茬口主要如下。

①春提前栽培。一般初冬播种育苗，早春（2 月中下旬至 3 月上旬）定植，4 月中、下旬始收，6 月下旬至 7 月上旬拉秧。

②秋延后栽培。此茬口类型苗期多在炎热多雨的7～8 月，故一般采用遮阳网加防雨棚育苗，定植前期进行防雨遮阴栽培，采收期延迟到 12 月至翌年 1 月的栽培茬口类型。后期通过多层覆盖保温及保鲜措施可使菜豆等的采收期延迟至元旦前后。

③大棚多重覆盖越冬栽培。其栽培技术核心是选用早熟品种，实行矮、密、早栽培技术，运用大棚进行多层覆盖（二道幕 + 小拱棚 + 草苫 + 地膜）。该茬口一般 9 月下旬至 10 月上旬播种，12 月上旬定植，2 月下旬至 3 月上旬开始上市，持续

到4~5月结束。

2. 日光温室茬口安排

华北地区菜豆日光温室栽培的主要茬口如下。

①冬春茬。也叫越冬一大茬生产，一般是夏末到中秋育苗，初冬定植到温室，冬季开始上市，直到翌年夏季，连续采收上市，收获期一般为120~160天。

②春提前栽培。一般于温室内育苗，苗龄一般为50天左右。在2月上旬定植，3月中、下旬始收供应市场，一般比大棚栽培可提早收获30天以上。

(二) 菜豆育苗设施及育苗技术

菜豆为深根系，一般不宜育苗移栽，但塑料大棚或日光温室春提前栽培时，早春气温低，为便于苗期集中管理，防止烂种死苗，提早上市，提高大棚和温室的利用率，应采用营养钵或穴盘等保护根系的措施育苗。育苗场所设在日光温室内或在已搭好大棚内套小拱棚。

1. 育苗设施的选择

(1) 播种床的准备。在温室内距前沿1.5米处，挖一个东西延长的育苗床，整平、踏实。菜豆的日光温室育苗方式见图3-6。

将营养钵装好营养土，紧密摆放在畦内，营养钵之间的空隙用土填好。也可用纸袋代替营养钵，这样节省开支，纸袋的直径为10厘米，高10厘米。如果利用营养土方育苗，直接在畦内铺垫10厘米厚的营养土，播前浇透水，水渗后按10厘米见方在畦面上切划方格，深10厘米。

(2) 电热温床育苗。如果育苗时温度过低或遇上连阴天，为提高地温，保证幼苗生长，生产上采用最多的是电热温床育苗。

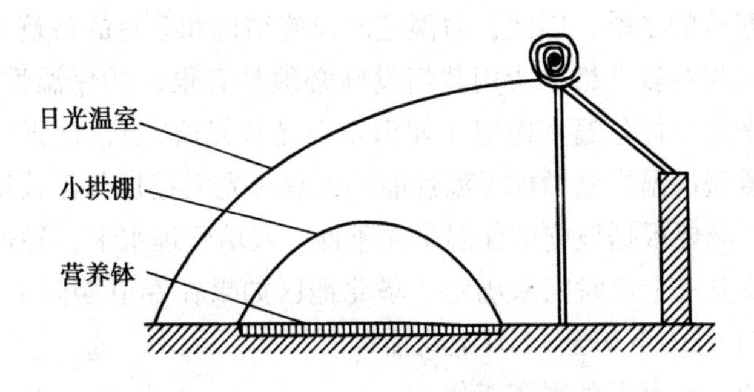

图3－6　菜豆的日光温室育苗方式

(3) 穴盘育苗。穴盘育苗是目前蔬菜生产上逐渐普及的育苗方式，省去了传统土壤育苗所需的大量床土，减轻了劳动强度，同时减少了苗期土传病害的发生，根茎发达，无缓苗期。菜豆穴盘育苗常用50孔、72孔穴盘，较理想的育苗基质是草炭、蛭石、珍珠岩按一定比例配制的复合基质。

2. 育苗技术

塑料大棚和日光温室菜豆春早熟栽培，上市早，产量高，效益好，近年来在我国北方地区发展较快。

(1) 播种时期的确定。菜豆的育苗期一般根据在大棚的安全定植期来推算。华北、华东地区大棚栽培一般以3月中下旬定植为宜，东北及内蒙古地区为4月中下旬，长江中下游地区在2月下旬至3月上旬。定植时要求大棚气温不低于0℃，10厘米地温稳定通过12℃以上。在适宜的条件下，蔓生菜豆的苗龄25～30天。所以，可以在安全定植期前的30～35天播种育苗。由此推算，华北、华东地区大棚菜豆的春提前栽培定植期为2月下旬，东北内蒙古地区为3月中下旬，长江中下游地区为1月下旬。

菜豆可在日光温室内四季栽培，越冬茬是利用日光温室进行冬季生产，供应春节前后市场的主要茬口。菜豆的生长期全部在寒冷的冬季，因此，对温室的设施结构和菜豆的栽培技术要求也相对较严格，所用栽培设施必须具有很好的保温性能。近年来通过优化温室构型（如山东寿光日光温室），加强内外多层覆盖保温措施增加保温性能。菜豆日光温室越冬茬栽培的播种时间要根据设施的保温采光条件、栽培管理水平、种植茬口以及要求上市时间来确定。华北地区如果在春节期间上市，可于11月中下旬至12月上旬播种。

（2）播种前的准备工作。

①种子的准备。通过筛选或水选法精选饱满的优质种子。

②床土的配制。在育苗时，要配制营养土。育苗畦应选择2～3年内未种过豆科作物的地块。优质的床土要求疏松透气，养分完全，保水保肥，没有病虫害，为幼苗生长创造最有利的条件。播种床土的配制比例是：肥沃田土和充分腐熟的优质农家厩肥按6∶4的比例混匀，外加少许糠灰或草木灰，以增加土壤的渗透性，利于出苗。按每立方米营养土加入氮磷钾复合肥2千克、50%多菌灵可湿性粉剂50克、2.5%敌百虫粉剂80克，混合均匀装入育苗钵或育苗盘中，浇透水后待播。采用穴盘育苗的直接按草炭2份、蛭石1份配成育苗基质，装于50孔的穴盘内育苗。

③种子消毒。为防止种子带菌，用种子重量的0.3%（每1千克种子用药3克）的1%甲醛药液将种子浸泡10～20分钟，然后用清水冲洗干净种子，随即浸种催芽。也可用福美双等粉剂拌种。

④浸种催芽。用55～60℃温水浸种10～15分钟，并不断搅拌，水温降至30℃后再浸泡4小时，用0.1%高锰酸钾液消毒20分钟，用流水洗去种子表面残留物。然后用湿布包好，在25～30℃下催芽，种子“露白”即可播种。

（3）播种及播后管理。应选择晴天播种，最好在寒尾暖头的晴天上午进行播种。育苗时由于气温、土温较低，蒸发量少，苗期不宜浇水，所以，播种前把苗床的营养钵、纸袋浇1次透水，水渗后撒一层细土，叫翻身土。然后每钵播2～3粒种子，覆潮湿的营养土，厚约3厘米。用营养土方育苗的，待浇水砌土方后直接播种。播种后在苗床上覆盖塑料薄膜（即地膜），以利保温保湿，经3～5天就可出苗。出苗后将薄膜撤去。若播种时外界气温很低，可在苗床上加扣小拱棚临时增温，既防止沤种子，又可促幼苗生长。

播种后温度管理按照“高温出苗，平温长苗，低温炼苗”的原则培育壮苗。播种初期（即出苗前）要保持较高的温度，气温控制在20～25℃，以利于发芽出土。出苗后，撤去苗床上的薄膜，并且开始通风。基生叶展开期对温、湿度非常敏感，遇到高温、高湿，下胚轴伸长很快，容易徒长，应及时通风降温。在幼苗前期，白天控温在20～22℃，夜间达10～15℃。到第一片复叶展开时即幼苗生长中期，提高温度，白天为20～25℃，夜间达15～20℃，有利于花芽分化和茎叶的生长。在苗床上加扣小拱棚的，棚内也要通风，到幼苗生长后期，撤去小拱棚。由于大棚没有加温设备，温度变化剧烈，在定植前一定要在温室内炼苗。定植前5～7天开始逐步进行低温锻炼，温室的草苫早揭晚盖，且加大放风量，降低温度，白天不超过20℃，夜间降到6～10℃，增强秧苗适应低温环境的能力。苗期温度管理指标见表3－2。通风降温要逐渐进行，通风过大过猛，幼叶易失绿发白或干枯，俗称“闪苗”。

表3－2　菜豆苗期温度管理指标

时期	日温（℃）	夜温（℃）
播种至齐苗	20～25	12～15
齐苗至炼苗前	18～22	10～13
炼苗	16～18	6～10

在菜豆的幼苗期要控水，不干不浇。若苗床特别干旱，只能浇小水，目的是使苗矮壮，叶色深，茎节粗壮。采用营养土方育苗的，到定植前一天可浇水，湿透土方，以利于起苗。菜豆壮苗的标准：苗龄一般需 25 ~ 30 天，子叶完好，第一片复叶初展，无病虫害。

（三）塑料薄膜大棚菜豆田间管理技术

1. 定植时期和方法

应选择地势高燥，排灌方便，地下水位较低，土层深厚疏松、肥沃，3 年以上未种植过豆科作物的地块。当前茬作物收获后，及时将田间的残枝、病叶、老化叶和杂草清理干净，集中进行无害化处理，保持田间清洁。随即进行翻地，晾晒去湿。整畦前，施足基肥，塑料大棚春菜豆栽培生长期长，产量高，必须重施基肥，尤其重施有机肥，防止早衰。每亩施入腐熟有机肥 7 500 千克左右，磷肥 50 ~ 100 千克，三元复合肥 25 千克，尿素（氮肥）20 千克。磷肥全部作基肥，复合肥 2/3 做基肥，氮肥 1/3 做基肥。基肥以优质农家肥为主，2/3 撒施，1/3沟施，要深翻耙平。

根据定植形式做成平畦或小高畦。近几年小高畦地膜覆盖栽培比较多，可防止倒伏，灌溉及排水也方便，结合膜下暗灌，降低了大棚内的空气湿度，减少了病害发生。畦高 10 ~ 15 厘米，下底宽 70 厘米，上宽 60 ~ 65 厘米，两个小高畦之间的距离 30 ~ 40 厘米，最后用 90 ~ 100 厘米宽的地膜覆盖。一般先铺膜后定植，经常使用的是高压聚乙烯透明地膜，可使土壤温度提高2 ~ 4℃。有的地方使用杀草膜、光降解膜等，还有的用黑色地膜，以防止菜豆早衰。小高畦上每畦栽 2 行。矮生种每亩种植 4 500 ~ 5 000穴，每穴 2 ~ 3 株。蔓生种每亩种植 3 000 ~ 3 500穴，每穴 2 株。

菜豆喜温不耐寒，定植过早，易受冻害，而且地温低，影响根系生长，推迟缓苗，对植株生长不利。定植应选择晴天进行，定植时秧苗的土坨略低于地面。最好采用暗水定植即水稳苗，可防止地温下降，土壤板结，缓苗快。在栽培面积大、气温高、栽培技术要求不严格时，可采用明水定植，浇足定植水。菜豆适宜的定植时期以 10 厘米最低土温稳定在 12℃以上。

2. 温、湿度管理

春季定植后闭棚升温，促进缓苗。夜间棚外四周用草帘覆盖保温防冻，促进根系生长，以加速缓苗。温度超过 35℃，打开顶窗放小风。5 ~ 7 天秧苗成活后棚温下降，适度通风，防止徒长。遇到寒流时，可在四周覆盖草苫或在畦面上扣小拱棚防寒，以保持棚温。

进入开花结荚期初期，保持棚内白天气温 22 ~ 25℃，夜间 15 ~ 17℃，要有较大的通风量和较长的通风时间，结荚期的温度应比前期稍高，白天控温在 25 ~ 30℃，夜间保持不低于 15℃。外界最低温度高于 15℃时昼夜通风。

进入 6 月外界气温高于 25℃以上时，即使通风棚温也很难下降，这时可将棚膜完全卷起来通风，顶风口加大至 1 米宽以上或将棚膜取下来，使棚内菜豆呈露地状况。为了防止高温强光，最好不撤棚膜，或换成遮阳网或旧塑料棚膜进行遮阴防雨，以使在夏季高温时，防治早衰的发生。

3. 肥水管理

菜豆追肥的原则是花前少施，花后多施，结荚期重施，不偏施氮肥，增施磷钾肥。前期可根据长势酌情施速效肥提苗，氮肥既不能缺（因为根瘤菌尚未发育好），又不能过多，过多易徒长落花。缓苗后可进行第一次追肥，每亩浇施人粪尿 1 000千克，复合肥 20 千克。显蕾露白后，进行第二次追肥，每亩施尿素 20 千克左右，磷酸二氢钾 15 千克左右，人粪尿 1 000千克。并结合防病治虫进行根外追肥防早衰，叶面可喷施0.02%的钼酸铵，或3%～5%的过磷酸钙，或0.3%的磷酸二氢钾，均有利于多结荚，增加产量。结荚盛期是需肥水的高峰期，要重追肥2～3次，氮磷钾配合施用。每亩施尿素25千克左右。大棚内栽培菜豆可增施二氧化碳，浓度800～1 000毫克/千克。在菜豆生产中不允许使用未经无害化处理和重金属元素含量超标的城市垃圾、污泥和有机肥。

菜豆根系较多，要求土壤在保持湿润的同时，不能使土壤含水量过多，影响通透性。早春大棚菜豆定植时浇水不要太大，以免地温过低，影响缓苗。浇定植水后一直到花蕾露白时，可浇一次小水，以后不再浇水，一直至坐荚后再浇水，以利开花结荚。此阶段以中耕松土为主，目的是提高地温，促进根系生长，最重要的一点是防止徒长。到结荚盛期，浇水量增大，一般每7～10天浇一次水，保持土壤经常湿润，浇水要均匀，忌忽大忽小。菜豆生长期间空气相对湿度保持65%～75%，适宜的土壤相对湿度为60%～70%。

4. 植株调整

菜豆植株抽蔓后，要及时做好吊蔓或插架工作。如果采用吊蔓栽培，引蔓绳的上端不要绑在大棚骨架上，而应绑在菜豆植株上部另设的固定铁丝上。铁丝距离棚面30厘米以上，以防止菜豆旺盛生长时，枝蔓、叶片封住棚顶，影响光照，同时避免高温危害。在菜豆植株生育后期要及时摘除收荚后节位以下的病叶、老叶和黄叶，改善通风透光状况，以减少落花落荚。植株长到近棚顶时，可落蔓盘蔓，使整个棚内的植株生长点均匀地分布在一个南低北高的倾斜面上。插架可用“人”字形架，高1.6米左右，然后引蔓上架。

5. 落花落荚与保花保荚

菜豆生产中落花落荚现象是制约产量的一个关键性因素。菜豆分化的花芽数很多，开花数也较多，蔓生品种比矮生品种菜豆分化的花芽数更多，但栽培中易落花落荚，成荚率较低。菜豆的结荚率一般只有 20% ~30%，多者不超过 40% ~50%，导致栽培中出现高秧不高产的现象，甚至亩产量仅为 250 ~500 千克，仅是标准产量的 10%。可见，只要能减少落花落荚数，提高结荚率，菜豆的增产潜力是很大的。

（四）日光温室菜豆田间管理技术

1. 定植

华北地区日光温室菜豆越冬茬一般在 12 月底至元月上旬定植。在温室的前茬收获后及时清理田园，施入有机肥 7 500 千克左右，并配合施用其他化肥。施肥后深翻并耙平做成 1.2 ~1.3 米宽的平畦，最好采用小高垄栽培。具体方法参照大棚菜豆春季栽培的内容。

2. 温度管理

定植后的 1 周内，密闭不放风，保持温度在 25 ~30℃，以促进根系生长，加速缓苗。当超过 30℃时，进行放风。进入抽蔓期温度白天保持在 20 ~25℃，夜间保持在 13 ~15℃，温度高于 28℃、低于 13℃时都会引起落花落荚。随着外界温度的降低，应逐渐减少通风量和通风时间，但夜间仍应有一定的通风量，以降低棚内温度和湿度，要特别注意避免夜间高温。在外界最低气温降到 15℃以下时，夜间要关闭通风口，只在白天温度高时通风，并及时加盖草苫，以防受冷害。早春阴雨天时，要注意使植株多见散射光，并坚持在中午通小风。久阴暴晴时，为防止叶片灼伤，要适当遮阳，回苫降温，待植株适应后再大量见光。

3. 肥水管理

苗期保持土壤湿润，见干见湿，只在临开花前浇一次水，供开花所需，然后蹲苗直到荚果初期才浇第一次水。菜豆植株开花前一般不浇水，不追肥，干旱时适量浇水，以控秧促根。当第一花序上的豆荚长到 3～5 厘米时，开始追肥浇水，每 5～7 天浇一次水，并隔一次水追施化肥，每次每亩追施尿素 25 千克左右。结荚后期，由于土壤蒸发量大，可根据植株的生长情况酌情浇水。浇水后及时通风，排出湿气，防止夜间温室内结露，引起病害发生。寒冬为了防止浇水降低地温，应尽量少浇水，只要土壤湿润即不要浇水。一般在 2 月后气温开始升高时，可逐渐增加浇水次数。在不积水的情况下勤浇水，每次采摘后都要重浇水（设施内膜下浇水）。进入高温季节采用轻浇、勤浇、早晚浇水等办法。

4. 植株调整

温室内宜吊蔓栽培，增加通风透光性。菜豆秧棵爬满架后，距离棚顶较近时，要进行摘心，以避免茎蔓缠绕，影响通风透光，造成落花落荚。为防止徒长，促进侧枝发育，在蔓高 30 厘米时，可喷洒 150 毫克/千克的助壮素和 0.25% 的磷酸二氢钾，蔓高 50 厘米时可再喷 1 次，花蕾期喷洒 5～25 毫克/千克的萘乙酸防止落花落荚。

（五）采收

设施栽培的菜豆在花后 13～15 天即可开始采收嫩荚，每隔 3～4 天采收 1 次，要勤摘，采收时不要碰着其他花序，切忌收获过晚，豆荚老化，降低产品质量。

（六）病虫害防治

1. 菜豆的病害识别与防治

菜豆常见的病害有炭疽病、锈病、灰霉病、白粉病、细菌性疫病（叶烧病）、病毒病、枯萎病、茎基腐病、根腐病等。

（1）炭疽病。

①发病症状及发病规律。炭疽病是菜豆最常见的病害，分

布广，为害大。幼苗染病时子叶上出现红褐色至黑色圆斑，凹陷成溃疡状。成株叶片上病斑多发生在叶背的叶脉上，常沿叶脉扩展成多角形小条斑，由红褐色逐渐变为黑褐色。叶柄染病后整个叶片萎蔫。豆荚是染病的主要部位，病斑初为发白的水浸小晕斑，然后扩大成直径 4 毫米左右的暗褐色斑，边缘隆起，红褐色，中央凹陷，可穿透荚壁发展到种子上，种子受害时产生不规则溃疡斑。当环境潮湿时，病斑上分泌出粉红色黏液。炭疽病病原为豆刺盘菌。菌丝体附在病株残体或采收的种子上越冬，可经风、雨、昆虫在田间传播。侵染的适宜温度在 17～20℃，空气相对湿度 95% 以上。温度低于 13℃ 或高于 27℃，相对湿度在 92% 以下时，炭疽病很少发生。

②防治措施。选用抗病品种。一般蔓生品种的抗性比矮生品种强。

种子消毒。播种前用 200 倍福尔马林浸种半小时，也可用 50% 的多菌灵或福美双可湿性粉剂按种子重的 0.2% ～0.4% 拌种。

农业防治。与别科蔬菜轮作 2～3 年；多施磷钾肥；勤中耕，注意雨后排涝和通风排湿；蔓生品种架材用 1 000 倍 45% 代森铵水溶液消毒。

药剂防治。发病初期用 75% 百菌清可湿性粉剂 600 倍液，或 50% 多菌灵、80% 炭疽福美、65% 代森锌、70% 代森锰锌等可湿性粉剂 500 倍液喷雾。每隔 7～10 天喷洒 1 次，连续喷 2～3 次。设施内种植还可在播种或移栽时用 45% 百菌清烟剂熏烟，每亩用药 250 克。

（2）枯萎病。

①发病症状及发病规律。初发病时，根系生长不良，侧根少，植株容易拔出。随着病情的发展，主茎、侧枝和叶柄内维管束变黄并逐渐转为黑褐色，叶脉及其两侧叶片组织褪绿黄

化，变为褐色，叶片易脱落，最后焦枯，自行脱落。由于大量落叶，结荚数显著减少，而且所结的豆荚两侧缝线也逐渐变成黄褐色。发病后期，植株成片死去。菜豆枯萎病是由尖孢镰刀菌感染引起的。病原菌丝及厚垣孢子附着在病株残体、土壤、未腐熟的有机肥及种子上越冬。下大雨或浇大水后，病菌孢子可随水流传播而蔓延。发病的适宜温度为24～28℃，空气相对湿度70%以上。

②防治措施。A. 选用抗病品种。B. 种子消毒。用50%多菌灵可湿性粉剂拌种，用药量为种子重的0.4%～0.5%，也可用40%福尔马林300倍液浸种4小时。C. 农业防治。做好排水和良好通风；施足基肥，促使植株健壮，以抵抗病菌，雨后及时中耕。D. 药剂防治。当发现病株时，用50%多菌灵可湿性粉剂或50%甲基托布津可湿性粉剂400倍液浇灌植株根部，保护地可用50%速克灵可湿性粉剂1 500倍液或50%扑海因可湿性粉剂1 200倍液喷洒地上部，也可浇灌根部。每隔10天施1次药，连续2～3次。

2. 菜豆的虫害识别与防治

菜豆常见的虫害主要有蚜虫、温室白粉虱、豆荚螟、豆野螟、红蜘蛛、茶黄螨、美洲斑潜蝇等。

现以豆荚螟举例说明。

(1) 为害症状及发生规律。豆荚螟属鳞翅目螟蛾科害虫。以幼虫危害豆叶、花及豆荚，常卷叶为害或蛀入荚内取食幼嫩的种粒，荚内及蛀孔外堆积粪粒，受害豆荚味苦，不堪食用。初孵幼虫蛀入嫩荚或花蕾取食，造成蕾、荚脱落，3龄以后蛀入荚内食害豆粒，豆粒吃光后又咬一较大圆孔，钻出转移至其他豆荚危害。1个幼虫一生能食害豆粒4～5粒，豆荚1～3个。一般蛀荚率达14%～26%，严重的达60%以上。1年发生5～7代，以老熟幼虫或蛹在寄主附近土中结茧越冬。未结荚时，卵多产于幼嫩叶柄、花柄、嫩芽及嫩叶背面，卵散产或集结成块；结荚后，卵一般散产于豆荚上的荚毛中。幼虫共5龄，一般以第二代为害最重。

（2）防治措施。在成虫盛发期和卵孵化高峰期，喷药1～2次，杀灭效果最好，一旦钻入荚中防治就比较困难。可用90%晶体敌百虫800～1 000倍液，或20%速灭杀丁4 000倍液，或5%来福灵乳油3 000倍液，或2.5%敌杀死乳油3 000倍液，或复方菜虫菌粉剂500倍液，或Bt乳剂3 000倍液，或抑太保喷施，重点是花期用药，做到“治花不治荚”。每隔5～7天喷蕾、花1次，8～10时开花时喷施。

二、豇豆

豇豆又名长豆角、菜豇豆等，为豆科豇豆属，原产于亚洲东南部热带地区。在豆类蔬菜中，栽培面积仅次于菜豆。豇豆是夏秋两季上市的大宗蔬菜，因其色泽嫩绿、肉荚肥厚、味道鲜美、极富营养价值而深受广大消费者的喜爱，既可热炒，又可焯水后凉拌、腌渍、干制等，老熟豆粒可作粮用，豇豆较耐热，较耐旱，是解决北方夏秋8～9月淡季的主要蔬菜之一，对蔬菜的周年供应有重要作用。

（一）设施栽培茬口安排

我国豇豆生产主要集中在北方地区：东北3省和内蒙古的部分地区，是我国最大的豇豆产区，其发展较早，生产技术和配套设施较为成熟，产业化水平较高。该地区夏季温高，光照充足，雨量少，较适宜豇豆的生长；华北区的豇豆种植面积较大。

豇豆喜温耐热，不耐低温，无霜期进行露地生产，有霜期只能进行设施生产。因此，豇豆的栽培季节和茬口安排在全国各地并不统一，栽培方式也多种多样。北方地区设施栽培以塑料大棚和日光温室为主，长江流域以南地区，可进行多茬次栽培，但仍以春秋两季为主。

豇豆忌连作，宜与非豆科作物实行 3 年轮作。前茬多为秋冬菜后的冬闲地，南方为春菠菜、春莴笋、春甘蓝或其他越冬的春菜地，后作多为以叶菜为主的秋冬菜地。豇豆在栽培中可实行间套作，生产上应用最多的是和番茄、黄瓜、辣椒套作，特别是在黄瓜后期套作，待黄瓜拉秧后即上架栽培。

1. 塑料薄膜大棚栽培茬口安排

大棚春提早栽培上市早，采收期长，产量高，效益高。在华北地区，大棚豇豆春提前栽培在 3 月中下旬定植，供应早春市场，故播种期一般在 2 月下旬至 3 月上旬。

2. 日光温室栽培茬口安排

日光温室豇豆秋冬茬栽培时，一般从 8 月中旬到 9 月上旬播种育苗或直播，从 10 月下旬开始上市；冬春茬栽培一般是 12 月中下旬到 1 月中旬播种育苗，1 月上中旬到 2 月上中旬定植，3 月上旬前后开始采收，一直采收到 6 月。

（二）豇豆育苗设施及育苗技术

1. 育苗设施的选择

豇豆的塑料大棚春提前栽培（春早熟栽培），由于苗期处在较冷季节，若直播在大棚内，当外界气温突然降低时，不便管理，会发生冻害。所以，大棚春早熟栽培一般采用育苗移栽。近几年，一般采用日光温室育苗，苗龄 20 天左右。豇豆根系比较发达，需采用保护根系的措施育苗（如营养钵），能相对限制主根的发育，而促进侧根发育，在育苗阶段能使豇豆的花芽分化比直播提前，延长了开花结荚期。一般采用的保护根系的措施有营养钵、穴盘、纸袋、塑料袋、营养土方等，这样可以减少根系损伤，定植后缓苗快，保证苗全苗壮，提早收获。

育苗设施可选用电热温床育苗和穴盘育苗。

2. 育苗技术

（1）播种时期的确定。播种期由苗龄、定植期和上市日期决定。在华北地区，大棚豇豆春提前栽培在3月中下旬定植，供应早春市场，故播种期一般在2月下旬至3月上旬。播种过早，地温低，易出现沤根死苗，同时苗龄过大，定植后缓苗慢，不利于发棵；播种过迟，达不到早熟的目的。日光温室豇豆春早熟栽培的播种期在1月中下旬左右。

（2）播种前的准备工作。

①种子的准备。通过蹄选或水选法精选饱满的优质种子。一般每亩需种子4.5～6克。

②床土配制。豇豆在育苗时，都要配制营养土。优质的床土要求疏松透气，养分完全，保水保肥，没有病虫害，为幼苗生长创造最有利的条件。播种床土的配制比例是：肥沃田土6份，腐熟有机粪肥4份。配制和使用营养土时应注意：肥料要充分腐熟、过筛，不用生粪，特别是未经腐熟的鸡粪、鸭粪；不能加入过量的化肥，否则极易烧苗。为防止病害发生，可以进行床土消毒，甲醛、多菌灵、敌克松等药剂均可。营养土配制好后直接装入营养钵或铺于苗床上，播前浇透水。

③浸种催芽。一般采用温汤浸种，水温为55℃，用水量为种子量的5～6倍。浸种时，要不断搅拌，经10分钟后，使水温降至30℃，然后浸种3～4小时，浸种时间不可过长，因为豇豆吸水量大而吸水快。浸种结束后将种子捞出，用湿润的多层纱布包好，放在25～28℃的条件下催芽。当有50%种子露芽时即可播种。生产上也可以温汤浸种后，不催芽直接播种。

（3）播种及播后管理。应选择晴天播种。播种前把苗床的营养钵、纸袋浇1次透水，然后每钵播2～3粒种子，覆土厚约3厘米。用营养土方育苗的，待浇水切土方后直接播种。播种后在苗床上覆盖地膜，以利保温保湿，出苗后将薄膜撤去。

播后苗前要保持较高的温度，气温控制在20～25℃，以利于发芽出土。出苗后，撤去苗床上的薄膜，及时通风降温。在幼苗期，白天控温在20～25℃，夜间达15～17℃。在苗床上加扣小拱棚的，棚内也要通风，到幼苗生长后期，撤去小拱棚。定植前5～7天开始逐步进行低温锻炼，温室的草苫早揭晚盖，且加大放风量，降低温度。豇豆的苗期般需20～25天，苗高20厘米左右，叶片3～4片，开展度25厘米左右，茎粗0.3厘米以下，根系发达，无病虫害。苗龄不宜太长，否则，移栽时伤根较多，影响生长。

（三）定植及定植后的田间管理

1. 塑料薄膜大棚豇豆田间管理技术

（1）定植时期和方法。豇豆定植的适宜温度指标是10厘米地温稳定通过15℃，气温稳定在12℃以上。温度低时可以加盖地膜或小拱棚。有前茬蔬菜（如油菜、小萝卜、小茴香）的大棚，在豇豆定植前5～7天收获完毕。无前茬蔬菜的大棚，在定植前15～20天扣棚烤地，不放风，尽量提高棚温，以促地温提高，使土壤完全解冻。豇根系深，吸收力强，产量高，但根瘤固氮能力弱，其吸收的氮肥50%由土壤供给，故要重施基肥。每亩施农家肥7 500千克，同时，施入过磷酸钙50千克，三元复合肥25千克。然后深翻20厘米以上，耙平后等待做畦。为充分发挥肥效，将2/3的农家肥撒施，1/3在定植时施入定植畦内。

定植前1周左右，在棚内做1.2～1.5米宽的平畦，每畦栽2行，穴距25～30厘米，每穴2～3株。待10厘米土壤温度稳定在12℃以上，最低棚温达到5℃以上，即可选晴天定植。为了适时安全定植，要密切注意天气变化情况，应抓紧在冷尾暖头（即连续阴雨天或降雪后，天气转晴，气温开始回升）时定植，以后会连续有几个晴天，可促进缓苗。为使地温尽快提高，采用暗水定植，即水稳苗法。栽苗时，将带土坨的小苗从塑料营养钵取出，放入定植沟。如用纸筒或营养土块育的秧苗，连纸筒或土块一起放入定植沟。采用小高畦定植的，每个畦上栽2行，按穴距打孔，栽苗后，用土封严定植孔，防止热气溢出伤苗或杂草丛生（图3－7）。

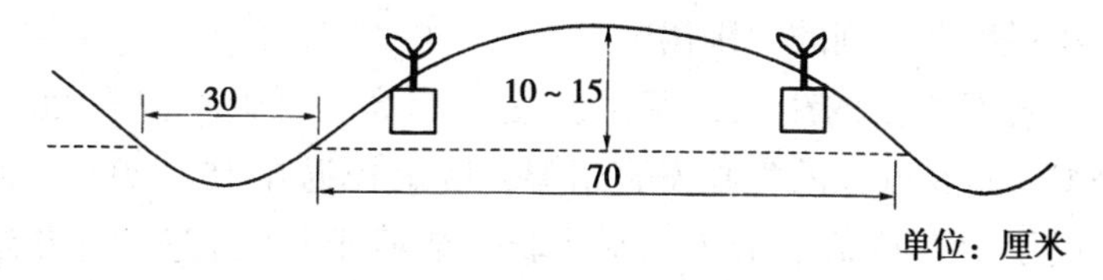

图3－7　小高畦地膜覆盖栽培

若要提早定植，可在定植畦上加扣小拱棚进行短期覆盖，棚高0.8～1米，拱棚架用小号竹竿；引进日本的一种小棚塑料尼龙棒拱架，长2米左右，弹性极好，用起来弯曲自如。覆盖材料用普通塑料薄膜即可，如图3－8所示。

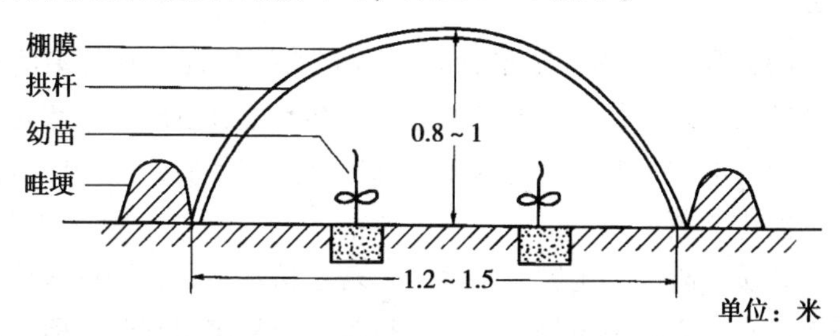

图3－8　小拱棚平畦短期覆盖栽培

（2）温、湿度管理。为促进缓苗，定植后5～6天密闭大棚，不放风，保持高温高湿环境。白天控温在20℃以上，可以达到25～28℃，夜间为15～18℃，空气相对湿度60%～80%。当棚内气温超过32℃以上时，在中午应进行短时间的通风换气，适当降温，防止烤苗。要特别注意突然出现的寒流、霜冻、大风、雨雪等灾害性天气，一旦发生，要采取临时增温措施，即在大棚四周围草苫（即围裙）。采用小拱棚临时覆盖的，可以明显地避开灾害性天气。缓苗后，大棚内应开始放风排湿降温，白天控温在15～20℃，夜间在12～15℃，防止幼苗徒长。加扣小拱棚的，小棚内也要放风，放风口要逐渐加大。外界气温升高后，幼苗生长加快，触及小拱棚顶，应撤去小拱棚及大棚的“围裙”。

随着幼苗的生长，棚温要逐渐提高，白天控温在20～25℃，这是豇豆的生长发育适温，晚上控温在15～20℃。棚温高于35℃或低于15℃，对生长、结荚都不利。进入开花结荚期，温度不能太高，35℃的高温会引起落花落荚，应进行放风，调节棚内温度，上午当棚温达到15℃时开始放风，下午降至15℃以下关闭风口。到生长的中后期，当外界温度稳定在15℃以上时，就可以昼夜通风。当外界气温稳定在20℃以上时，就可以逐渐撤去棚膜，这时也进入结荚后期，准备拉秧。

（3）肥水管理。肥水管理要做到前控后促。开花结荚前控制肥水，防止徒长，若肥水过多，茎叶生长过旺，导致花序少且开花部位上升，易造成中下部空蔓；结荚后，加强肥水管理，促进结荚。

在缓苗阶段不施肥也不浇水，若定植水不足，可在缓苗后浇缓苗水，之后不再浇水，而进行蹲苗，从定植到开花前一般不浇水、不追肥，直到第一花序开花结荚，其后几个花序显现时，才开始浇第一次水，追第一次肥，结束蹲苗，促进果荚和植株生长。追肥以腐熟人粪尿和氮素化肥为主，结合浇水冲施，也可开沟追施。不能追施碳酸氢铵，防止氨气熏苗。亩施硫酸铵 20 千克或尿素 25 千克，浇水后，要加大放风量，排除棚内湿气，减少发病。进入结荚期，是豇豆需肥的高峰期，要集中连续追 3～4 次肥，并及时浇水。一般每 10～15 天浇一次水。到生长后期，除补施追肥外，还可进行叶面喷肥。用量：尿素浓度为 0.2%～0.5%，或磷酸二氢钾 0.1%～0.3%，或叶面喷施 0.2%～0.5% 的硼、钼等微肥。

（4）植株调整。

①插架引蔓。当植株长出 5～6 片叶，开始伸蔓时，及时用竹竿插“人”字形大架，每穴插 1 根，引蔓于架上。一般不用大花架，不但费工，而且不便管理。豇豆生长期长，分枝多，长势旺，插架要坚固结实。也可用尼龙绳牵引，在距离苗子 10 厘米的地方，插一个 20 厘米长的小木棍，将尼龙绳的下端固定在小木棍上，上端固定在棚架上或另外的铁丝上，茎蔓随绳缠绕向上生长；或直接将尼龙绳的下端固定在豇豆植株距地面 10～20 厘米处引蔓向上。豇的架式如图 3－9 所示。引蔓宜在晴天中午或下午进行，防止茎叶折断。

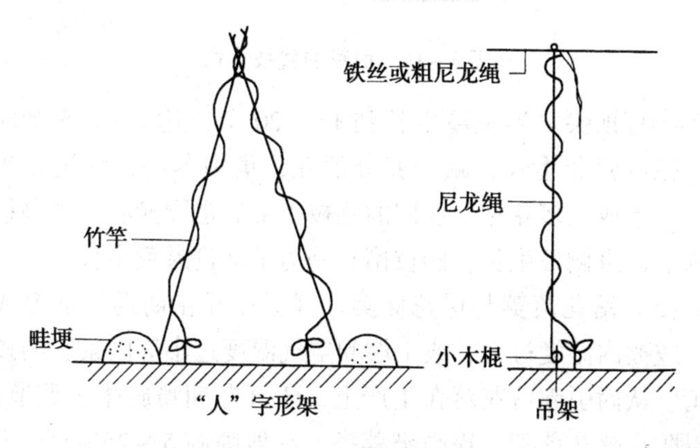

图 3－9　豇豆的架式

②抹侧芽。豇豆分枝能力强，一般下部侧枝结荚后易拖地，质量较差，同时抑制上部花序的生长。因此，主蔓的第一花序出现后，及时将第一花序以下的各节侧芽抹去，可使营养集中供应中上部，开花结荚集中并且多。主蔓中上部各叶腋中同时生有花芽和叶芽时，及时将叶芽抽生的侧枝去掉；若无花芽只有叶芽时，将叶芽抽生的侧枝留 2 ~ 3 片叶摘心，侧枝上就可形成一穗花序，增加结果部位。豇豆的整枝方式如图 3 - 10 所示。

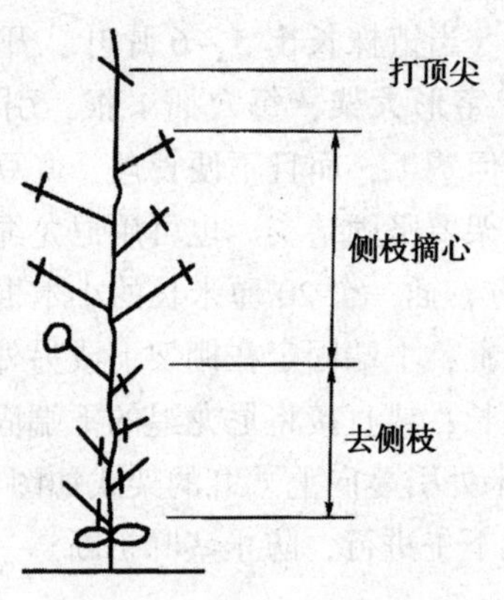

图 3 - 10　豇豆的整枝方式

③打顶尖。当主蔓生长到 15 ~ 20 节，达 2 ~ 2.5 米时摘心，控制营养生长，减少养分消耗，集中养料，促进多出侧枝，以形成较多花芽。后期的侧枝坐荚后也要摘心。主蔓摘心是为了促进侧枝生长，侧枝摘心是为了促进果荚生长。

（5）落花落荚与保花保荚。豇豆在开花期遇到低温或高温，或棚内湿度过大，或土壤和空气湿度过小等因素影响授粉受精，从而引起落花落在生产上，于开花期喷施生长调节剂，可以防止落花落荚，提高坐荚率，一般喷施 5 ~ 25 毫克/千克萘乙酸或萘氧乙酸，或 20 毫克/千克的防落素。

2. 日光温室豇豆田间管理技术

（1）整地施肥。每亩用优质农家肥 10 000千克左右，腐熟的鸡禽粪 2 000千克，腐熟的饼肥 200 千克，碳酸氢铵 50 千克。深翻后按栽培的行距起垄或做畦。大行距 1.4 米，小行距 1 米，垄高 15 厘米。

（2）定植。日光温室豇豆早春茬定植期一般在 2 月上旬，定植前 10 天左右扣棚烤地，宜在晴天进行。一般在栽植垄上按 20 厘米打穴，每穴放 1 个苗坨（2 ~ 3 株苗），然后浇水，水渗下后覆土封严。

（3）温度管理。定植后的 5 ~ 7 天不通风，闷棚升温，促进缓苗。缓苗后，室内的气温白天保持 25 ~ 30℃，夜间 15 ~ 20℃。当春季外界温度稳定通过 20℃时，再撤除棚膜，转入露地生产。

（4）肥水管理。在定植缓苗后，如果不缺水一般不浇缓苗水。随后进行蹲苗、保墒，严格控制浇水。待蔓长 1 米左右，叶片变厚，根系下扎，节间短，第一个花序坐住荚后，后几节花序相继出现时，开始浇一次透水，同时每亩追施硝酸铵 20 ~ 30 千克。以后掌握浇荚不浇花、见干见湿的原则，大量开花后开始每隔 10 ~ 12 天浇 1 次水。要结合浇水追施速效氮肥，一般是 1 次清水 1 次水冲肥。

（5）植株调整。植株高 30 ~ 35 厘米、5 ~ 6 片叶时，要及时支架，引蔓上架。引蔓时切不要折断茎部，否则下部侧蔓丛生，上部枝蔓少，通风不良，落花落荚，影响产量。植株调整的具体方法同大棚豇豆栽培。

（四）采收

豇豆定植后 40 ~ 50 天开始采收嫩荚。当荚条长成粗细均匀、荚面豆粒处不鼓起，但种子已经开始生长时，为商品嫩荚收获的最佳时期，应及时采收上市。初期每 5 ~ 6 天采收 1 次，盛期3～5天采收1次。豇豆每个花序有2对以上花芽，采收时不要损伤花序上其他花蕾，更不能连花柄一起摘下，以便以后继续开花结荚。果荚大小不等，必须分次摘取，方法是在嫩荚基部1厘米处掐断或剪断。采摘最好在下午进行，以防碰伤茎蔓和叶片。采收时要仔细查找，避免遗漏。

（五）病虫害防治

豇豆的主要病害有锈病、叶斑病、病毒病、根腐病、细菌性疫病等；虫害主要有有豆野螟、蚜虫、斑潜蝇、红蜘蛛等。豇豆病虫害的发生特点和防治方法参照本章菜豆的病虫害防治方法。

第四章　叶菜类蔬菜的设施栽培技术

第一节　白菜类蔬菜的设施栽培技术

白菜类蔬菜起源于亚洲内陆温带地区，其中除甘蓝类外，其他类型均原产我国。白菜在我国栽培历史悠久，经过长期选择和培育，创造了丰富的栽培类型，南北各地广泛栽培。白菜类蔬菜的类型很多，各种类型中又有极为丰富的品种。因此，在生产中可以利用不同类型和品种，通过排开播期，周年供应，以满足人民生活的需要。

一、大白菜

大白菜又称结球白菜或黄芽菜，原产于我国，它具有营养丰富、品质鲜嫩、高产稳产、耐贮藏、耐运输等特点，在蔬菜生产中占有很重要的地位，是我国秋、冬和春季供应的主要蔬菜之一，南方大部分地区主要以秋冬季节栽培为主。

（一）植物学特征

大白菜主根基部肥大，发生大量的侧根，侧根又分为大量的2、3、4级侧根，形成发达的根系。根系主要分布在40厘米以上的土层中。茎在营养生长时期为短缩茎，进入生殖生长期由短缩茎顶端抽生花茎，高60～100厘米，一般发生分枝1～3次，基部分枝较长，而上部分枝较短，使植株呈圆锥形，花茎淡绿至绿色，表面具有蜡粉。

根据形态，叶分为以下5种。

1. 子叶

对生子叶两枚，叶间开展度180°，肾脏形至倒心脏形，有叶柄。

2. 基生叶

着生于子叶节以上最初对生的2枚叶片，叶间开展度180°，与子叶垂直排列成十字形。叶片长椭圆形，有明显的叶柄，长8~15厘米。

3. 中生叶

着生于短缩茎中部，每株由2~3个叶环构成植株的莲座。每个叶环的叶数依品种而不同，叶片倒披针形至阔倒圆形，无明显叶柄，有明显叶翅。叶片边缘波状，叶翅边缘锯齿状。第一个叶环的叶较小，构成幼苗叶；第2~3叶环的叶较大，构成发达的莲座。

4. 顶生叶

着生于短缩茎的顶端，互生构成顶芽，叶环排列如中生叶，宽大，以上部的叶片渐窄小。表面有明显的蜡粉，有叶柄，基部抱茎。

5. 茎生叶

着生于花茎和花枝上，互生，叶腋间发生分枝。花茎基部叶片宽大，似中生叶而较小，以上部的叶片渐窄小。表面有明显的蜡粉，有扁阔叶柄，基部抱茎。

花为复总状花序，完全花，花瓣4枚，“十”字形，黄色，属异花授粉植物，花蕾期自花授粉可结实。果实系长角果，圆筒形。种子球形稍扁，红褐色至灰褐色，近种脐处有凹纹，千粒重2~4克，生产上多用1~2年的种子。

（二）生长发育周期

大白菜从播种到种子收获，分为营养生长和生殖生长两个阶段。

1. 营养生长时期

包括发芽期、幼苗期、莲座期、结球期、休眠期 5 个时期。

（1）发芽期。播种以后，从种子吸水萌动到子叶展开为发芽期，历时 6 ~ 8 天，此期主要依靠种子贮备的养分。

（2）幼苗期。俗称“团棵”，指子叶展开以后到第一叶环的叶片全部展开，早熟品种需 12 ~ 13 天，晚熟品种需 17 ~ 18 天。

（3）莲座期。从团棵到长出第 2 ~ 3 个叶环，整个植株的轮廓呈莲花状，故称莲座期。早熟品种需要 20 天左右，晚熟品种需要 28 天左右。当最后一个叶环形成的同时，心叶出现卷心的长相，这标志着莲座期的结束。

（4）结球期。从出现卷心长相到收获为结球期，即顶生叶形成叶球的全过程。早熟品种需要 30 天左右，晚熟品种需 45 ~ 50 天。结球期又可分为结球前期、结球中期和结球后期 3 个阶段。结球前期是叶球外层叶片迅速生长而构成叶球轮廓，俗称“抽筒”或“长框”；结球中期是叶球轮廓内部叶片迅速生长而充实其内部，俗称“灌心”；结球后期叶球体积不再扩大，叶部养分继续向球叶转移，继续充实叶球内部。该期是产量形成最重要时期，因此肥水管理最为关键。

（5）休眠期。大白菜遇到低温时处于被迫休眠状态，依靠叶球贮存的养分和水分生活。

2. 生殖生长时期

大白菜在南方各省从营养生长过渡到生殖生长，一般不需要经过休眠期。大白菜通过发育阶段，主要决定于春化阶段的低温 2 ~ 10℃连续 10 ~ 15 天，大多数品种对光照阶段要求不严格。主要包括 3 个时期。

（1）抽薹期。从抽薹到始花，此时期约需 15 天。

（2）开花期。从始花到全株花开放完毕，约需 30 天。

（3）结荚期。从谢花到种子成熟，这一时期花薹、花枝停止生长，果荚和种子旺盛生长，到种子成熟为止，约需 23 天。

（三）对环境条件的要求

1. 温度

大白菜是半耐寒性蔬菜，适宜温和而凉爽的气候，大多数品种不耐高温和寒冷。各时期最适宜温度为：种子发芽 20 ~ 25℃；幼苗期 22 ~ 25℃，高温、干旱，根系发育不良，易受病毒病；莲座期 17 ~ 20℃，温度过高，包心延迟；结球期 12 ~ 22℃，高于 25℃或低于 10℃生长不良；抽薹期 12 ~ 16℃；开花结荚 17 ~ 22℃。

2. 光照

光补偿点 2 000 勒克斯左右，光饱和点 4 万勒克斯左右。在自然条件下，栽培大白菜日照强度是足够的。在早秋，日照强度过大，会影响大白菜的生长，因此秋播不宜过早，或进行适当的遮阳。大白菜幼苗期和莲座期，强的光照可促进外叶开张生长，弱光照则使外叶直立生长，进入结球期仍需要较强的光照。

3. 水分

大白菜叶数多，叶面积大，叶面角质层薄，因此蒸腾量大，而且生育进程的不同时期需水也不同。发芽期、幼苗期，由于根群不发达，吸水能力弱，要保持土壤湿润；莲座期，叶片迅速扩大，蒸腾增加，需水量大大增加；结球期需水量最多，要保证充足的水分；结球后期控制水分用量，利于叶球的贮藏；生殖生长前期温度低，不需要过多的水分，否则地温过低影响根系生长；开花结荚期气温高，需较多的水分。

4. 土壤与营养

大白菜适宜在土层深厚、肥沃、松软而含有丰富有机质的沙壤土、壤土和黏土上生长，适于中性偏酸性土壤。大白菜所需的基肥要充足，并使用肥效长的完全肥料，即有机肥，常用的有厩肥、人粪、堆肥、绿肥等。追肥应当使用速效肥料，包括各种化学肥料和腐熟人粪尿以及叶面肥等。将有机肥料和无机肥料配合使用，会发挥更好的作用。大白菜对三要素的吸收量与叶的生长量有平行趋势，在结球的前期和中期，对氮、磷、钾的吸收量分别占全期总吸收量的80%、77.2%、88.8%。从前期看，以氮肥供应量最大，从结球期看，则对钾肥需求量最大。

（四）栽培季节与茬口安排

结球大白菜在营养生长时期，要求适宜温度10～28℃，因此就南方大部分地区的气候条件，以秋季栽培为主。从处暑前后至大雪前为最适宜的生长季节。

就一个地区而言，大白菜的播种期要求较严格。播种过早，高温，强光，病害严重，包心困难；播种过迟，生长时间不够，不能结球，产量和品质下降。对于晚熟品种，长江中下游地区以处暑前后为宜；华南大部分地区由于秋季高温期长，冬季不寒冷或寒冷期短，其播种期一般可安排在9～12月进行；四川的丘陵地区适宜的播种期为8月下旬，山区寒冷较早可适当提早，盆地适当延迟。在实际生产中，为满足市场需求，可根据品种特性，适当提早或延后播种。尤其是耐高温的早熟品种，可以提早供应。

(五) 设施栽培技术

1. 品种选择

各地在引进和选用大白菜品种时，需注意以下几点：一要考虑到当地的食用习惯，选用适于当地栽培的品种。二要注意当地的气候条件、栽培季节和渡口衔接，选用生长期相当、抗病、丰产、耐贮藏的品种。为实现大白菜稳产、高产，最好选用生长期 80 ~ 90 天的品种，适当晚播，易于成功，也便于冬季贮藏。种植晚熟品种，早播易感染；晚播遇仲秋温度偏低，难以形成紧实叶球。种植生长期短的品种，虽可晚播，病害轻，但不少早熟品种不适于长期贮藏。三要避免品种太单一，最好每年种植 2 ~ 3 个品种，注意品种搭配，在安排好主栽品种的同时，搭配种植 1 ~ 2 个品种，可避免品种因气候不适或突然发病造成严重减产的被动局面，特别在选用杂种一代时尤其应该注意这个问题。

2. 整地施肥和做畦

大白菜不宜连作，合理的轮作对于减轻病害的蔓延有重要意义。一般以黄瓜、四季豆、番茄进行轮作。

(1) 整地。因大白菜的根系较浅，对土壤水分和养分要求高，宜选择保水保肥力较强、结构良好的土壤。大白菜种子细小，要求地势平坦、土粒细碎，才能保证出苗率和出苗整齐度高。为了增强土壤的保水保肥能力，使土层松软，根系发育好，扩大吸收水分、养分范围，要求深耕。为了减少病虫潜伏土中为害，在土地翻耕后进行晒土，雨量偏少地区应深耕翻土，利于保墒。不管深耕或浅耕，在播种前都要再浅耕耙地，做到土壤松细，地面平整。一般深耕深度为 30 ~ 35 厘米，浅耕深度为 15 厘米。

(2) 施基肥。大白菜的生长期长，生长量大，需要营养较多，因此要重施底肥，以有机肥为主。有机肥对大白菜有促进根系发育、提高抗性的作用，还可适当搭配化肥。有机肥要发酵腐熟，碎细均匀，过磷酸钙也应和堆肥、厩肥一起堆沤。基肥的用量可根据前作物的种类、土壤肥力以及肥料的质量而定。一般每亩可用质量较好的厩肥3 000～4 000千克（或堆肥5 000～6 000千克）、草木灰100千克、过磷酸钙15～25千克。要取得高产，每亩施氮：磷：钾为1：1：1的复合肥25千克，这样可弥补“三要素”配合上的缺陷。如果土壤偏酸、地势低、易发生根肿病的田块，应调pH值为6.0～6.5。

（3）做畦。栽培畦有高畦、垄畦和低畦等几种形式。低畦畦宽1.2～1.5米，种植1～3行；垄畦垄高15～20厘米，垄距50～60厘米，种植一行；高畦高10～20厘米，畦面宽50～60厘米，种植两行。南方地区主要以高畦为主。做畦时必须重视排水问题，因为地面潮湿，容易发生软腐病和霜霉病。

3. 播种和育苗

（1）种子处理。大白菜播种前先精选种子，将批粒，破伤、瘦小种子淘汰，选种粒饱满、整齐一致、生活力强的种子播种。种子消毒可用55℃左右的温水进行温汤浸种；也可用药剂拌种，如以1%的40%乐果拌种，或以1%的50%福美双、90%的乙膦铝按1：1比例混合粉拌种15分钟。

（2）直播。大白菜直播植株不经过移栽后的缓苗过程，在苗期长得快，结球早，不破坏根系和叶片，可减轻病害浸染机会，节省劳力，便于抢时间下种。直播一般采用穴播和条播。穴播先在畦上按规定的行株距开1～1.5厘米的浅穴，每穴播种子8～10粒。播后用细土平穴，再略加镇压，使种子和土壤密接以利于种子吸水。如播种时土壤干燥，可以采用湿播法，先在穴中浇水，等水渗入土中后再播种覆土。如系多雨地区也可采用干播法。条播先在畦上按行距开一条沟，再以规定株距播种，方法同穴播法。

播种后土壤必须有足够的水分，播前灌水，播种后立即灌水，芽出土前和刚出土后，可在播种沟两侧临时开窄沟浇灌小水，或在畦沟中浸灌；不能直接向种子或幼芽灌水，以免种子、幼芽被冲走，或造成土壤板结。直播的幼苗最怕烈日暴晒和土表温度过高。可根据大白菜播种后大约48小时出土的情况，安排在傍晚播种，这样第三天傍晚幼苗出土，可经过一夜的锻炼再接受日照。降低土温的办法是适当灌水，在中午高温时进行间歇喷灌。

(3）育苗。大白菜也可实行育苗移栽，一般在前作收获迟的情况下，为保证正常季节栽培而采用。

①苗床设置。选土壤肥沃、灌排方便的土地作苗床。每100平方米的苗床施腐熟厩肥150～200千克、硫酸铵3～4千克、过磷酸钙2～3千克。将这些肥料充分混匀后撒于畦面，翻耕15～18厘米，均匀混入土中，再耙平细。苗床一般宽1.6米左右，长8～12米，高13厘米左右，也可用营养钵或土块育苗。为防止烈日、暴雨危害，可在苗床上设遮阳棚，一般栽培每亩大田需苗床20～25平方米。

②播种技术及管理。育苗移栽的播种期比直播早3～5天，播前苗床浇水，待水渗透后播种。条播开浇沟，沟深0.8～1厘米，沟距10厘米。小穴播时每穴播4～5粒种子。每亩苗床用种量200～250克。播种后盖土0.8～1厘米厚。出苗期一般不浇水，如高温干旱，可行喷灌。出苗后分2次间苗，即幼苗出土后3天第一次间苗，具3～4片真叶时第二次间苗。条播的最后一次间苗使株距为10～12厘米，小穴播的每穴留苗1株。在幼苗生长期，应合理浇水、追肥、防治病虫，促使幼苗健壮生长。

4. 定植

苗龄20天左右定植。定植时间以晴天下午和阴天为好，可以减轻幼苗的萎蔫程度。移栽前苗床先充分灌水，在床土湿润而不泥泞时起苗，尽量使根部多带土，以便定植后早成活。各品种的具体行株距应根据当地气候、土壤条件及品种性状而定。春大白菜栽植密度一般行距为35～45厘米，株距一般为33～40厘米。

5. 田间管理

（1）间苗、补苗与定苗。大白菜播种出苗后，在1～2片叶"拉十字"时进行第一次间苗，间除细弱的苗子。在3～4片叶时进行第二次间苗，苗距约4厘米，间苗后要及时浇水，以利幼苗根系扎入土壤。播种出苗20～28天进入团棵期要进行定苗，选留具有品种特性的幼苗，拔除杂草、劣苗，以及有病虫为害、过小、胚轴过长的苗。株距依品种、水肥条件而定，一般在40厘米左右。

（2）中耕除草。中耕除草工作结合间苗进行。一般在间苗后浇清水粪定根提苗，在浇水或雨后适时中耕。这时中耕应浅，一般以锄破表土为宜，深度约为3厘米，切忌中耕伤根。在定苗之后中耕除草，深度约为3厘米，需掌握远苗处宜深、近苗处宜浅的原则。用深沟高畦栽培者，应锄松沟底和畦面两侧，并将所锄松土培于畦侧或畦面，以利沟路畅通，便于排灌。在莲座期中耕，不要损伤叶片。中耕时间以晴天为好。

（3）苗期管理。幼苗期植株生长总量不大，约为最终质量的0.41%，因此，对水肥的需要量相对来说是比较小的。大白菜两片子叶张开后，对养分的要求比较迫切。在南方栽培大白菜，定苗后开沟施浓粪肥并配合磷钾化肥，若此次追肥不足，则莲座叶生长不良，即使结球期补肥也不能挽救，故又称"关键肥"或"临界肥"。

（4）莲座期管理。莲座期根系大量发生，叶片生长量骤增，必须加强肥水管理。每亩施入充分腐熟的粪肥1 000千克、磷酸二铵20千克、硫酸钾20千克，在垄的一侧开沟。施肥后覆土，并浇透水，保持土壤半湿润。结球前10天左右，控水蹲苗，促进根系和叶球生长；土壤保水肥力差，可以适当缩短蹲苗期或不蹲苗；天气干旱，气温高，昼夜温差小或秧苗偏小时也应适当缩短。

（5）结球期管理。结球期是大白菜产品形成时期，在这个时期根系发展达到最大限度，叶的生长量猛增，如果这时脱肥，往往结球不紧实，影响产量和品质。结球期的肥水管理重点在结球始期和中期，即所谓“抽筒肥”和“灌心肥”。这两次肥料都要用速效性的肥料，并需提前施入。一般在开始包心时立即追肥，每亩用粪肥1 500千克左右，或硫酸铵5～10千克，或尿素5～7.5千克。在植株抽筒后再追施一次，追肥后均需结合灌水。收获前10～15天用草绳或塑料绳将外叶合拢捆在一起，进行束叶。

6. 主要病虫害防治

主要病害有病毒病、霜霉病、软腐病等。防治病毒病可在定植前后喷一次20%病毒A可湿性粉剂600倍液，或1.5%植病灵乳油1 000～1 500倍液；防治霜霉病可选用25%甲霜灵可湿性粉剂750倍液，或69%安克锰锌可湿性粉剂500～600倍液，或75%百菌清可湿性粉剂500倍液喷雾，7～10天1次，连喷2～3次；防治软腐病用72%农用硫酸链霉素可溶性粉剂4 000倍液，或新植霉素4 000～5 000倍液喷雾。

大白菜主要虫害有蚜虫、菜粉蝶（菜青虫）、菜螟等。蚜虫发生初期，用50%马拉硫磷乳油1 000倍液，或者2.5%溴氰菊酯2 000倍液连续喷洒几次，或用50%抗蚜威可湿性粉剂2 000～3 000倍液喷雾；菜螟幼虫孵化盛期或初见心叶受危害时，用50%杀螟松乳油1 000倍液，或2.5%敌杀死乳油300倍液喷洒，连喷2～3次。

7. 收获

早熟品种以鲜叶供应市场，在叶球长成时应该及早收获；中晚熟品种一般在严霜来临之前收获；冬季无严寒地方，可以留在地里过冬，根据市场需求收获。

二、结球甘蓝

结球甘蓝又名包心菜、洋白菜、圆白菜、卷心白、莲花白、京白菜。结球甘蓝适应性强，在我国南方，一年四季均可种植。其中，夏甘蓝和秋甘蓝是当年播种，当年收获，整个营养生长期均未经过低温阶段，无通过春化阶段的条件。因此，在生长期中没有未熟抽薹问题。而春甘蓝则以幼苗越冬，在苗期和定植后的一段时间内，可能受低温刺激而通过春化阶段，引起未熟抽薹。

（一）植物学特征

根群发达，主要分布在30厘米左右的耕作层，不耐干旱；根系再生能力强，可以进行育苗移栽；易发生不定根，可以采用腋芽扦插繁殖。茎在营养生长期间为短缩茎，内短缩茎着生球叶，外短缩茎着生外叶；生殖生长期抽生为花茎。叶包括子叶、基生叶、中生叶、顶生叶、茎生叶；叶片光滑，无毛，蒸腾量大，要求较高的土壤湿度和空气湿度；叶面具有白色蜡粉可以减少蒸腾，这是干旱条件下形成的一种适应性。开始发生的叶片向外开张生长，形成强大的叶簇，当莲座叶生长到一定数目后，早熟品种16片叶，晚熟品种24片叶，进入包心，再发生的叶片不再向外开张而包被顶芽；顶芽继续分生新叶，包被顶芽的叶片也随着顶芽继续生长加大，最后形成一个紧密充实的叶球；叶球中心柱节间短，着生叶密，则包心紧，叶球品质好。花为复总状花序，完全花，黄色，虫媒花，属异花授粉。果实系长角果，种子圆球形，红褐色至黑褐色，千粒重3.5～4.5克。

（二）生长发育周期

结球甘蓝的生长发育周期分为发芽期、幼苗期、莲座期和结球期。

1. 发芽期

从播种至基生叶长出，夏秋季一般10～15天，冬春季15～20天。

2. 幼苗期

从基生叶至第一叶环叶长完，夏秋季一般25～30天，冬春季40～60天。

3. 莲座期

从幼苗到植株长出第二、第三叶环，植株轮廓呈莲花状，早熟品种25天左右，晚熟品种35天左右。

4. 结球期

从开始包心至叶球形成，早熟品种25天左右，晚熟品种40天左右。

（三）对环境条件的要求

和大白菜基本相同，但比大白菜适应性更广，抗性也更强一些。

1. 温度

甘蓝喜温暖和清凉湿润的环境，能抗严霜并较耐高温。生长适温为15～21℃，种子发芽适温20℃左右。20～25℃适宜外叶生长和抽薹开花。叶球形成一般要求17～20℃，昼夜温差大，有利于积累养分，促进结球紧密。幼苗抗性强，能忍耐

-12℃低温和35℃的高温。

2. 光照

长日照作物，对光强适应性较宽，光饱和点为3万~5万勒克斯。

3. 水分

甘蓝要求土壤水分充足和空气湿润，若土壤干旱会影响结球，降低产量。适宜的土壤湿度为70%~80%，空气相对湿度为80%~90%。

4. 土壤与营养

喜肥并耐肥，耐盐碱性强，对土壤的适应性比较强。结球甘蓝适于微酸到中性土壤，也能耐一定的盐碱，在土壤含盐量达0.75%~1.20%的盐渍土上仍能正常生长、结球，但以选择土质肥沃、疏松、保水保肥的中性土壤种植结球甘蓝为好。对氮、磷、钾三元素的吸收，以氮、钾较多，磷较少。氮、磷、钾的比例为3∶1∶4。在施足氮肥的基础上，配合施用磷、钾肥，有明显的增产效果。

(四) 栽培季节与茬口安排

在南方各省，除了最炎热的夏季结球甘蓝不能栽培外，春、秋、冬均可栽培；选用早、中熟品种，冬、春育苗，早春栽培，春末夏初收获，即春季栽培；选用中、晚熟品种，夏季育苗，夏、秋季栽培，秋、冬季收获，即秋季栽培。一般来说，应根据品种、上市时间确定播种期，春甘蓝11~12月播种，夏甘蓝3~4月播种，秋冬甘蓝6~8月播种。

(五) 设施栽培技术

1. 品种选择

根据不同的栽培季节、当地自然条件、市场需求、栽培制度等确定适宜的品种。春甘蓝可选月中甘11号、京丰1号、庆丰、中甘12号、晚丰，夏甘蓝可选用夏光、晚丰、中甘11号，秋冬甘蓝可选用秋丰、中甘8号、寒光。

2. 播种育苗

甘蓝的育苗方式有露地育苗和保护地育苗两种，采用何种方法育苗，主要决定于当地的自然条件和播种季节。南方地区多采用露地育苗，若在6~7月高温季节育苗，可设置凉棚育苗；11月至翌年1月气温低，可用塑料小拱棚育苗。

（1）苗床的设置。苗床地应选择通风好、排灌方便、土壤肥沃、质地疏松的地块。于前作收获后及时清除杂草，进行深翻晒地，播前细致整地，施足底肥，每亩施腐熟农家肥500千克，再进行浅耕浅耙，使土壤疏松、土肥融合，做成畦宽1米、沟宽40厘米、沟深30厘米的高畦。

（2）播种。采用撒播的方法，播种要均匀，播后在畦面盖一层细粪土或稻草，并用50%多菌灵可湿性粉剂500倍液或50%辛硫磷乳油800倍液进行土壤消毒，防治部分病虫害及地下害虫。

（3）浇水。为了防止播种后浇水对种子发芽出土有不良影响，可采用湿播法，即播种前浇透底水。幼苗出土后，浇水量不可过多；对初出土的幼苗，每天浇水1次，以后隔天浇水1次；当幼苗具3片真叶，苗高5厘米后，减少浇水次数。

（4）间苗。一般分3次进行，间苗时间与大白菜相同。以除去密苗、弱苗、劣苗为原则，最后一次间苗按株行距8厘米留健壮苗1株。健苗的标准是：子叶开展，基生叶对称舒展，节间短，基部粗壮，叶片近圆形，叶柄短，未受病虫为害等。

3. 定植

结球甘蓝真叶4~5片时为定植期。起苗前1天浇1次透水，起苗前再润 1 次。4 ~ 7 月播种的苗龄 25 ~ 30 天，8 ~ 9 月播种的苗龄 30 ~ 40 天，11 ~ 12 月播种的苗龄 60 ~ 70 天。定植密度：小型种（如中甘 11 号）株行距 30 厘米 × 35 厘米，每亩栽 7 000株左右；中晚熟（如京丰 1 号、寒光）株行距 40 厘米 × 50 厘米，每亩栽 3 300株左右。定植前每亩施用农家肥 3 000千克加复合肥 40 千克。

4. 田间管理

结球甘蓝的田间管理随栽培季节和地区而不同，这里主要介绍南方地区春甘蓝的田间管理技术。选用抗寒性和冬性均较强的早熟品种，如金早生、中甘 11 号、中甘 12 号、中甘 15 号、京甘 1 号、8398、迎春、报春和鲁甘蓝 2 号等。

（1）浇水。结球春甘蓝多在冬季定植，时值旱季，应注意浇水。但冬季温度低，植株生长慢，蒸发量较小，不宜浇水过多，以免影响生长。在晴朗的天气情况下，每隔 4 天浇 1 次水，立春以后，天气转暖，植株生长加快，应增加浇水次数。早晨叶缘上没有吐水现象，为土壤干燥需要浇水的标志。如不及时浇水，叶片发生蜡粉，这是过度干旱的表现，将影响生长与结球。

（2）追肥。结球甘蓝是耐肥力强的蔬菜，除应施足基肥外，还应注意追肥。定植成活后每亩用腐熟稀粪水 1 500千克追肥一次；莲座期用腐熟稀粪水 1 000千克加尿素 10 千克追肥一次；结球期重追一次肥，用 20 千克尿素或碳铵 54 千克对水 1 000千克浇施。追肥时要避免直接接触心叶，并离茎基 10 厘米左右，以防烧苗。叶球成熟应少浇水，以免开裂，收获前一周停止浇水。

（3）中耕。结球甘蓝由于经常浇水和施肥，地面容易板结，要经常中耕松土，清除杂草。初期浅中耕，疏松表土即可；当苗高 18 厘米左右时进行深中耕一次，深度 10 厘米左右，使土壤疏松，利于浇水施肥和根系生长。

5. 采收

叶球基本紧实后应及时采收，采收前5天不浇水，以免出现炸球现象。

6. 主要病虫害防治

结球甘蓝的主要病害有霜霉病、黑腐病、软腐病。

防治方法：可选用抗病品种；发病严重的地块，与非十字花科蔬菜轮作；避免过旱过涝，及时防治地下害虫；发病初期及时拔除病株；霜霉病发病初期选用75%百菌清可湿性粉剂500倍液或64%杀毒矾500倍液等喷雾；黑腐病发病初期选用72%农用硫酸链霉素可湿性粉剂3 000倍液喷洒；软腐病发病初期喷洒72%农用硫酸链霉素可湿性粉剂3 000倍液或47%加瑞农可湿性粉剂700～750倍液。

主要虫害有菜青虫、小菜蛾、地老虎、斜纹夜蛾和蚜虫。

防治方法：菜青虫用50%辛硫磷乳油1 000倍液防治，小菜蛾用5%氟虫腈（锐劲特）悬浮剂500～1 000倍液防治，地老虎用2.5%溴氰菊酯3 000倍液或50%辛硫磷800倍液防治，蚜虫用50%辟蚜雾可湿性粉剂2 000～3 000倍液防治。

第二节　绿叶类蔬菜的设施栽培技术

一、菠菜

菠菜别名赤根菜、角菜，为藜科菠菜属，一二年生植物。菠菜原产于伊朗，有2 000多年的栽培历史，唐朝时（7世纪）经尼泊尔传入我国。在明朝李时珍的《本草纲目》中称之为波斯草。

菠菜适应性强，产量高，是解决早春淡季供应的重要越冬蔬菜之一，在我国各地均有栽培。菠菜含有丰富的胡萝卜素、维生素 C、蛋白质及钙、铁等矿物质，具有较高的营养价值。菠菜还具有药用价值，有养血、止血、润燥等功能；能促进胰腺分泌，助消化；菠菜籽炒黄磨细，可以治咳嗽、气喘等病症。但是，菠菜含有草酸，食用过多影响人体对钙的吸收。菠菜在我国分布很广，是全国各地普遍栽培的蔬菜。因其耐寒性和适应性强，生长期较短，一年内可多茬栽培，是春、秋、冬三季的重要绿叶蔬菜，尤其在春季供应上占重要地位。

（一）植物学性状及与栽培的关系

1. 根

菠菜为直根系，有较深的主根，较发达。直根略粗稍膨大，上部红色，贮藏养分，味甜可食。主要根群分布在 25～30 厘米耕层内。侧根不发达，不适于移栽。不耐干旱。

2. 茎

营养生长时期茎短缩，生殖生长时期抽生花茎，花茎嫩时可食，称为筒子菠菜。

3. 叶

抽薹以前菠菜的叶片簇生在短缩茎上，根出叶。抽薹后花茎上的叶小，叶型有圆叶和尖叶两种。圆叶菠菜叶大而肥厚，叶面光滑，卵圆形或戟形；尖叶菠菜叶片狭小而薄，戟形或箭形，先端锐尖或钝尖。菠菜的叶色浓绿，质地柔软，叶柄细长，为主要食用部分。

4. 花、果实及种子

花单性，有时也可出现两性花，一般为雌雄异株，少数为雌雄同株，雄花无花瓣，雌花无花柄或有长短不等的花柄，无花瓣，为风媒花。花萼包被子房，子房一室，成熟时形成一个胞果，不规则圆形，内有种子 1 粒，被坚硬革质外果皮包裹。

种子分为有刺和无刺两种。菠菜的果实为胞果，内果皮木栓化，厚壁细胞发达，水分、空气不易透入，所以种子发芽较慢。千粒重9.50~12.59克，在一般贮藏条件下，种子可保存3~5年，以1~2年的种子发芽力强。

5. 性型

一般有4种。

(1) 绝对雄株。植株较矮，基生叶较小，茎生叶不发达或呈鳞片状。在花茎上仅生雄花，位于先端，为复总状花序，抽薹最早，花期短，常在雌花未开前凋谢，为低产株，采种者应及早拔除，以防种性退化。有刺种绝对雄株较多。

(2) 营养雄株。植株较高大，叶较大，雄花簇生于茎生叶的叶腋中，茎生叶较发达。抽薹较晚，供应期长，为高产株型。无刺菠菜中营养雄株较多。

(3) 雌株。植株较高大，生长旺盛，叶片发达，叶丛大而直，供应期长，为高产类型。仅在叶腋中簇生雌花，抽薹较晚。

(4) 雌雄同株。植株较高大，叶片发达，为高产株型。在同一株上着生雌花和雄花。还有在同一朵花内具有雌蕊和雄蕊的两性花。

(二) 生长发育周期

1. 营养生长时期

指从播种出苗到将已分化的叶片全部长成为止。菠菜的发芽期从种子萌动到2片真叶出现，此期生长缓慢。真叶展开后，进入幼苗期，这时叶数、叶面积、叶质量迅速增加。大约在播后30天，苗端开始花芽分化，以后叶数不再增加，已分化的叶片陆续长出，面积及叶重不断增长，直至全部长成为止。

2. 生殖生长时期

指从花芽分化到抽薹、开花、结实与种子成熟。前期与营养生长时期有一段重叠，重叠时间长短与气温、日照长短有关。据研究，在栽培环境中，凡是能加强光合作用和利于养分积累的因素，一般能使雌性加强；凡是促进养分消耗的，则有加强雄性的倾向。因此，营养生长期内的环境及栽培管理，会影响种株的发育及植株的性型比例。

（三）对环境条件的要求

1. 温度

菠菜为耐寒性蔬菜，而且是绿叶菜中耐寒性最强的一种。种子在4℃以上可缓慢发芽，发芽适温为15～20℃。生长适温亦为15～25℃。成株耐寒力强，在最低气温－10℃左右的地区可以露地越冬。耐寒力强的品种，4～6叶株可耐短期－30℃低温。根株可在－30℃以下越冬。萌动的种子或幼苗在0～5℃条件下5～10天可通过春化。

2. 光照

菠菜是典型的长日照作物。在12小时以上的日照和高温条件下通过光照阶段，抽薹、开花、结实。随温度的升高及日照加长，抽薹期提早。如果菠菜生长发育不良，营养面积小，在同样的温度和日照条件下，则易于抽薹。秋季气候凉爽，日照短，最适宜菠菜的营养生长，产量高，品质亦好。圆叶菠菜对光照不太敏感，其耐寒力差，不能在黑龙江省越冬。刺菠菜可以越冬，但易抽薹，需注意播期。

3. 水分

菠菜在生长过程中需要大量的水分。在空气湿度80%～90%，土壤湿度70%～80%条件下，生长旺盛，叶肉厚，品质好，产量高。缺水则生长慢，组织老化，品质差，尤其在高温、干旱、长日照下，叶生长不良，加速抽薹。

4. 土壤与营养

菠菜对土壤的适应性较广，以保水、保肥力强的肥沃壤土为好。沙壤土能促早熟，黏质壤土易获高产。越冬栽培以夜潮土较好，这样土壤地下水位较高，土壤湿润，冬季地温变化小，早春返青可以少浇水。适宜的土壤 pH 值为6～7。菠菜需要供给氮、磷、钾完全肥料，才能生长良好。在肥料三要素完全的基础上，增施适量的氮肥，可使叶片生长旺盛，不仅提高产量，而且改进品质。氮肥不足时，植株矮小，叶发黄易抽薹。磷肥能促进叶片分化和根系的生长发育，提高菠菜抗寒性。施钾肥，叶片生长肥大，养分含量高，品质好。菠菜是需要氮肥较多的蔬菜，应在氮、磷、钾全肥基础上多施氮肥。缺氮时植株矮小，易抽薹。

（四）栽培季节

菠菜的适应性广，生育期短，速生快熟，是加茬赶茬的重要蔬菜。产品不论大小，均可食用，又有耐寒和耐热的品种，栽培方式有越冬、埋头、春菠菜、夏菠菜、秋菠菜、冻藏菠菜等，一年中可分期播种、收获，基本上能周年供应。菠菜在黑龙江省栽培，可四季栽培，露地和保护地都有生产。目前黑龙江省大棚栽培均不作为主茬，而是作为棚前茬或越冬茬。

（五）设施栽培技术

我国北方保护地生产菠菜基本上分为两种形式，一种是利用大、中、小棚春季早熟栽培，促使越冬菠菜早收获；另一种是在温室、大棚果菜类行间进行套作栽培，利用果菜类定植晚，菠菜耐寒性强可以提早播种或定植的特点，达到提早供应的目的。

1. 大棚越冬菠菜栽培

春扣棚膜的大棚进行越冬菠菜生产时，播期与露地越冬菠菜相同。秋扣棚者，一般在秋茬黄瓜或番茄拉秧后立即播种。冻前扣好新膜使菠菜出苗生长。

（1）整地、施肥。前茬收获净地后，深耕23～27厘米，及时耙耱，使土壤细碎以利菠菜根系的发育。越冬菠菜的生长期长达半年，基肥需肥量大，追肥主要用速效性氮肥，每生产1吨菠菜，三要素的吸收量为：氮400克、磷200克、钾300～500克。如果过多施用氮肥，特别是施用铵态氮肥，会使菠菜的硝酸盐含量增高。

（2）播种。

①品种选择。要选择抗寒的有刺品种。

②适期播种。播种早晚关系到冬前秧苗的大小，也是秧苗能否抗寒耐旱，安全越冬的关键。播种过早，植株过大，虽然根粗，但根茎发糠，不抗寒，翌春返青又易抽薹。播种过晚，苗小根细，耐寒性差，易冻死。菠菜要求在冬天停止生长前长足5～8片叶，才具有较强的耐寒力。过大过小的植株耐寒力减弱，因此掌握好播种期是露地菠菜高产优质的关键。一般播期为8月25日至9月5日，10天内播完。

③播种方法。菠菜种子常为数个聚合在一起，且外面的果皮较硬，内层木栓化的厚壁细胞发达，水分、空气不易透入，因此播种前应将种子搓散去刺，用木棒敲打，敲碎果皮，提高播种质量，出苗迅速整齐。可干播种子，或进行浸种催芽，种子用凉水浸12～24小时，取出后放在室内，上盖湿毛巾保持湿润，每天投洗一次，3～5天后胚根露出，即可播种。也可不经催芽，浸泡后沥干水就播种，先撒籽、覆土、过平耙，踩踏镇压，然后浇水。

播种方法有撒播及条播两种。以条播为多，条播开沟，一般宽1～1.2米的畦播5～6个沟，沟深3～4厘米，行距10～15厘米，每亩播种量5～6千克，如果发芽率低，还应适当加大播种量。播量过大苗密苗弱，叶发黄，根系小，抗寒力差，播量小产量也不高。

(3) 肥水管理。

①越冬前幼苗生长期。播后覆膜，在密闭的条件下，保证出苗所需的水分，菠菜的叶片不干枯，翌年返青早。这一时期是越冬成活的关键时期。出苗后适当控制浇水，使根系向纵深发展。植株长出2片真叶以后，可进行间苗，定苗前后随水施用人、畜粪尿肥。

②越冬期。由于菠菜的耐寒性是在4～6片叶时最强，因此要使菠菜在越冬时的叶片数在4～6片叶，从植株地上部停止生长到翌春返青时期，各地区长短相差较大，常在60～120天。浇过冻水的土壤上、下层都有充足的水分，地温不易散失，外界冷空气不易直接侵入土中，可保护幼苗免受冻害。浇冻水后菠菜早春返青时，不致受干旱，因而可延迟浇返青水的时间，使返青后的土壤在较长时间内保持较高的温度，以利于幼苗早春的生长，浇冻水的量必须适当，应掌握水分充足但在短时间内可渗完为原则。另外，在浇冻水前，应抓紧喷药防治蚜虫。

③返青采收期。为越冬后植株恢复生长至开始采收的时期，需30～40天。在菠菜返青后，结合灌大水，每亩追施尿素30～40千克，促进菠菜返青。翌年菠菜返青后逐渐加大大棚放风，棚温白天超过20℃放风，降到15℃时闭风，以防植株徒长而细弱，同时，及时防治病虫害，收获前要加大放风量。大棚常为蚜虫的越冬场所，早春返青后要及早防治。

(4) 收获。根据市场需要陆续上市，一次收获，也可分期收获。一般主栽作物定植前一次收完。

2. 中、小棚覆盖栽培

在露地秋季作物收获后，抓紧整地，播种菠菜。在大地封冻前，先将拱棚骨架插好，并灌一次封冻水，以利菠菜的越冬。

翌年春天提早扣棚，促使地表早化冻，促使菠菜返青生长。当新叶开始生长时，立即追肥灌水。白天保持在15～20℃的适宜温度，达到收获标准时，一次性全部收完。

3. 夏季覆盖栽培

菠菜的大棚夏季栽培，实际上是利用大棚骨架来进行遮阳防暑的作用。由于菠菜是喜冷凉的作物，所以，在夏季栽培时，要利用大棚的骨架，上覆盖草席等遮阳物，进行菠菜越夏栽培。菠菜应选用耐热、生育期较短的品种，且应注意灌水和地面降温覆盖等措施，降低气温与地温，防止高温长日，菠菜生长不良。

菠菜夏季栽培也可以利用其他保护地设施，如利用无纺布进行菠菜夏季栽培，也是利用无纺布的遮阳降温性。

4. 菠菜秋季栽培

菠菜在秋季在保护地栽培比较容易，在秋季外界气温逐渐降低，日照也逐渐缩短，所以在秋季栽培菠菜没有抽薹的危险，品质好，产量高。9月后随时均可播种，严寒到来时注意保温，可以供应市场到11月，有些地方可供应到元旦甚至到春节。另外，秋季生产的菠菜，可以进行冬贮，从而供应整个冬季。

菠菜春播的可用无刺种，每亩播种量3～4千克；夏播的发芽率较低，每亩播种量7.5千克，如果立枯病严重时，播种量还要适当增加。从播种到收获，夏播的30天，秋播的35～60天，春播的40～60天。

5. 病虫害防治

设施栽培菠菜常见病害有霜霉病、病毒病等，影响菠菜生长，降低产量和品质。

（1）菠菜霜霉病。防治措施如下。

①农业防治。收获时彻底清除残株落叶，带出地外深埋或烧掉；实行2～3年轮作；施足肥料；提高植株抗病力；合理密植，适当灌水，降低田间湿度。

②药剂防治。发病初期及时喷药，可喷25%瑞毒霉可湿粉或25%甲霜灵可湿粉600倍液。上述各种药轮换使用，每隔5～7天喷1次，连喷2～3次。

（2）菠菜炭疽病。防治措施如下。

①农业防治。保证种子质量，在无病株上选种；清洁田园，把病残体清除干净，带出田外深埋或烧毁；进行合理密植，不宜大水漫灌；多施有机肥，使菠菜生长健壮。

②药剂防治。发病初期，可喷50%多菌灵可湿性粉或50%甲基托布津可湿性粉剂500倍液，或70%代森锰锌可湿性粉剂400～500倍液。农药交替使用，6～7天喷1次，连喷3～4次。

莴苣设施栽培常见的虫害有蚜虫、潜叶蝇、菜螟等，影响菠菜生长，降低产量和品质。

（3）蚜虫。防治方法如下。

①农业防治。及时清除杂草及蔬菜的残株枯叶，消灭蚜虫。

②根据蚜虫对黄色的正趋性和对银灰色的负趋性，采用黄板诱杀或银灰膜避蚜的物理防治方法。

③采用药剂防治，10%氯氰菊酯乳油或20%速灭杀丁乳油2 000～3 000倍液，50%抗蚜威可湿性粉剂2 000～3 000倍液等。各种农药应轮流使用。每6～7天喷1次，共喷2～

3 次。

④保护天敌。蚜虫的天敌主要有瓢虫、蚜茧蜂、蚜霉菌、食蚜蝇、草岭等。

(4) 潜叶蝇。防治方法如下。

①农业防治。注意清洁田园杂草和带虫的蔬菜老叶，收获后深翻土地，清除残株落叶，根茬菠菜适当提早收获，可减少越冬代成虫产卵。

②药剂防治。必须在产卵盛期至卵孵化初期喷药，否则潜叶后喷药效果差，可用 80% 敌敌畏乳油 1 000倍液，40% 菊马乳油、40% 菊杀乳油 2 000倍液。各种药剂要交替使用。

二、芹菜设施生产技术

芹菜为伞形科芹菜属二年生植物，原产于地中海沿岸的沼泽潮湿地带。由于它适应性强、栽培较易、产量较高，所以我国各地均有栽培。在绿叶菜中占重要地位。芹菜含有较多的矿物质，维生素和挥发性特殊物质，并具有降血压等功效。

(一) 植物学性状及与栽培的关系

1. 根

芹菜根系较发达，为浅根性蔬菜，主要根群分布在 10 ~ 20 厘米耕层中，横向分布直径为 30 厘米左右。直播芹菜主根较发达，主根受伤后能迅速发生大量侧根，适于育苗移栽。由于芹菜根系浅，所以吸收面积小，不耐旱和水涝，在栽培芹菜的浅层土壤中应经常保持充足的水分，特别是在苗期更应注意。

2. 茎

芹菜在营养生长阶段为短缩茎，叶片就着生在短缩茎盘上，当茎端生长点花芽分化后，开始抽生花茎，并发生多数分枝。

3. 叶

芹菜叶为奇数二回羽状复叶，具较长的叶柄（80～100厘米）着生于短缩茎上，绿色，在整个营养生长时期可陆续生出12～15片叶，收获时保留5～7片。叶柄扁粗，多为绿色，有空心及实心两种，为主要食用器官。内有纵向维管束，维管束之间为薄壁细胞，表皮下为厚角组织。一般维管束和厚壁组织不发达，而薄壁细胞发达并充满水分和养分；但高温干燥，肥水不足，会使薄壁细胞破裂，叶柄中空，纤维增多，品质下降。

4. 花

为复伞形花序，花小黄白色，虫媒花异花授粉，自花也可结实。

5. 果实与种子

果实为双悬果，棕褐色，成熟后裂为两半，果为扁圆形，心皮内有1粒种子，种子褐色，有香味、粒小，每千粒种子0.4克。果实内含挥发油，外皮革质、透水性差、发芽慢。芹菜生殖生长阶段，茎上端抽生花薹后发生很多分枝。

（二）生长发育周期

芹菜为二年生蔬菜，但早春播种，感应低温后也可当年开花、结果，表现为一年生。生产上一般将芹菜的生长发育过程分为以下几个时期。

1. 发芽期

从种子萌动到第一片真叶显露为发芽期。在正常环境条件下，芹菜完成发芽期需10～15天。此期主要靠种子贮藏养分生长，但由于种子小，外皮革质，发芽困难。因此，保证适宜的温度、水分、空气十分重要。

2. 幼苗期

从第一片真叶出现到四五片真叶展开，为幼苗期。此期持续40～50天。芹菜幼苗生长量小，生长速度慢，尤其根系浅，幼苗极不耐旱，故而需保持土壤湿润，及时除草。

3. 外叶生长期（叶丛生长期）

从四五片真叶幼苗移栽到立心，为外叶生长期。一般需经过25～30天，主要以根系的生长及叶片分化为主。芹菜移栽后根系受伤，老叶黄化1～2片，因营养面积大，新生叶片呈斜生状态。外叶生长后，叶面积增加，群体扩大，心叶开始直立生长，表现立心。此期前段促进缓苗是管理的重点，主要以保持土壤湿润为首要条件，尤其高温季节栽培时更应如此，但缓苗后应适当控水蹲苗，划锄除草。

4. 心叶肥大期

心叶大部展出到收获，为新叶肥大期。高温季节需25～30天，冬春季节约50天。此期叶面积进一步扩大，叶柄伸长迅速。栽培管理以追肥、浇水为主。

5. 贮藏休眠期

收获后在0～3℃的低温条件下贮藏，强制休眠。此期叶片养分向根系输送少部分，苗端进行花芽分化（秋冬季节）。

6. 生殖生长阶段

贮藏芹菜翌春定植（3月中旬），在长日照及15～20℃条件下抽薹、开花、结实。

（三）生长发育对环境条件的要求

1. 温度

芹菜属耐寒性蔬菜，要求较冷凉湿润的环境条件，在高温干旱条件下生长不良。种子4℃以上缓慢发芽，适温为15～

20℃。光对促进芹菜发芽有显著作用。幼苗能忍耐 -5 ~ -4℃低温、成株可耐 -10 ~ -7℃。生长适温为 15 ~ 20℃，26℃以上生长不良。

2. 光照

芹菜属于低温长日照植物。在一般情况下，幼苗 2 ~ 5℃低温下，经 10 ~ 20 天可完成春化，10℃以下也可缓慢春化。芹菜春化感应受日历苗龄影响大。春芹菜由于幼苗期处于低温条件下，生长期又处在长日照条件下，故易抽薹开花，造成产量和品质的下降。

3. 水分

芹菜根系浅，吸收能力弱，喜较高的空气湿度和土壤湿度，不耐干旱。在土壤干旱，空气干燥时，叶柄中的机械组织发达，品质下降，纤维多。所以整个栽培时期保证充足的水、肥供应，才能获得优质和高产。

4. 肥料

芹菜喜富含有机质、保肥保水的土壤，适应的土壤 pH 值 6.0 ~ 7.6。芹菜要求营养充足，特别是氮肥，缺氮造成生长不良，品质下降。磷的含量不宜过多，否则易使叶片细长、纤维多。钾肥在后期作用更大些，它可使叶柄加粗。另外，硼在芹菜生长中也极为重要，缺硼时叶柄发生褐色裂纹。

(四) 栽培季节

芹菜在我国可露地栽培也可保护地栽培，保护地温室、塑料拱棚、地膜等均可，周年生产。

我国北方大部分地区，冬寒春暖，夏热秋凉，自然光照春长秋短，因而芹菜在保护地的适宜栽培季节，以秋延后和春早熟栽培为主，而且各地尤以夏、秋在露地育苗，然后在保护地内定植；或直接在保护地内直播；秋末冬前开始保温覆盖，寒冷季节再加防寒物，从秋冬到次年初夏期间分期收获。芹菜保护地主栽季节见表4-1。

东北春大棚与黄瓜间作的芹菜，均分别于12月或2月播种，3月定植，5月上中旬开始收获，此期常遇低温和春季长日照的影响而出现早期抽薹，是生产上应注意防止的问题。

表4-1 黑龙江省芹菜保护地主栽季节

栽培方式	播期	定植期	收获供应期	备注
春季提早栽培	2月上旬	3月中下旬	5月上中旬	大棚
秋季延后栽培	6月中旬至7月上旬	8月下旬	12月初	日光温室
越冬栽培	6月中旬至7月上旬	8月下旬	11月中旬至12月底	加温温室

(五) 日光温室冬芹菜栽培

1. 品种选择

选用抗寒、抗病、丰产的实心类型品种。

2. 育苗

日光温室冬季生产芹菜，一般是夏季在露地育苗，晚秋定植于温室，霜冻前覆盖前屋面的栽培方式。苗龄60天左右，北纬40°地区多在7月下旬播种，9月下旬定植。

(1) 作苗畦施基肥。选地势较高，排灌方便，土壤肥沃，保水保肥性好的地块，精细整地，细碎平整，做成宽1米，长6~10米的育苗畦，每亩施充分腐熟的农家肥30~50千克，深翻细耙，使畦面的下端低于上端2~3厘米，按温室栽培面积的1/10准备育苗畦。播种时把畦面踩一遍，再用钉耙搂平，灌足底水，水渗下后发现低洼处用细土垫平，高处搂平，把催出芽的种子连同细沙均匀地铺在畦面上，再盖1厘米厚细沙或筛过的农家肥与田土各50%混匀的营养土。每亩温室的育苗播种量需70～80克，为了选择长势旺的大苗移栽，播种量可增加到10克。

（2）种子处理。芹菜种子在高温下不易发芽，种皮革质较硬，不易透水，又含有挥发油，种子发芽慢，播种前须进行浸种催芽。把经过精选的种子用15～20℃的清水浸泡24小时，出水后再投洗几遍，拌上种子体积5倍的细沙，装入清洁的小盆或大碗中，放在15～18℃见光的地方，每天翻动1～2次，保持细沙湿润状态，发现沙子表面见干时补充少量水分，5～7天既可出芽。有70%种子发芽就可播种。催芽正处在炎热的季节，最好放在水缸旁边或地窖中。

（3）播种。芹菜可以条播也可撒播，每亩用种量50～75克，低温季节下种可稍多些。播后覆细土0.3～0.5厘米，根据不同季节上面再盖稻草或薄膜，高温季节要设遮阳网，保持土壤湿润，以利出苗。一般采用湿播法，先浇底水，水渗下后覆上一层筛过的细土，0.2～0.3厘米厚的底土。均匀播种后，立即盖一层0.3厘米厚的细潮土，然后可再盖一层碎草保湿，苗出齐后揭去。菜苗期一般长60天，小苗细弱，生长慢，苗畦内极易长杂草。因此，必须及时拔除杂草。

（4）苗期管理。播种后出苗前要保持苗畦土壤湿润，当幼芽顶土时，轻浇一次水，小苗出齐以后，隔2～3天浇一次小水，保持土壤湿润，浇水以早、晚为宜。小苗长出1～2片叶时可撒一次细土，一般幼苗第一片真叶展开，即应对密度过大的苗床及时间苗，保证幼苗均匀健壮生长，苗长出3～4片叶时，可进行分苗。分苗宜在午后进行，按6～7厘米见方，要随移栽随浇水并适当遮阳，分苗前要对小苗进行间苗和拔草，分苗后小苗迅速生长，可追1次速效肥，每亩尿素5千克。4～5片叶后应适当控水，促进根系生长，防止徒长，及时防治蚜虫。苗龄达60天左右，具5~6片真叶时可定植。

3. 定植

（1）定植畦准备。温室内作成1米宽畦。畦内按每平方米施农家肥10千克，深翻细耙，整平畦面，准备定植。多茬生产的温室，前茬于番茄、黄瓜、辣椒或秋菜豆拔秧后定植，因定植期较晚，遇到寒潮应在育苗畦面扣小拱棚防冻。

（2）定植方法、密度。定植前一天，苗畦浇水，栽苗时连根挖起，抖去泥土淘汰病虫危害苗和弱苗，在起苗时将苗进行分级，把大小相同的苗栽在一起。注意栽苗时要掌握好深度，以埋住短缩茎，露出菜心为直。过浅易倒伏，过深缓苗慢，要栽一畦，浇一畦，以利成活。每畦栽5~6行，单株定植，株距8厘米，每亩栽苗40 000~48 000株。

4. 定植后管理

缓苗期管理：在秋季定植的芹菜，此时外界气温较高，阳光充足，在定植水见干时要浇缓苗水。在心叶变绿，新根已经发出时，及时进行细致松土保墒，促进根系发育，防止外叶徒长。

多茬生产的温室，定植时外界已出现霜冻，但白天室内气温仍然很高，因此定植后需进行大放风，控制适宜的温度，防止温度过高，也可多浇一遍缓苗水。

缓苗后管理：不论定植早晚，在缓苗后都要进行蹲苗，促使外叶开张。早定植的芹菜，在霜冻前覆盖前屋面薄膜，初期把前底脚围裙揭开，在后墙或后坡开放风口，昼夜放风。随着外界气温的下降，先把后部放风口封闭，前底脚继续放风。温室芹菜在立心期以前，除了特别干旱，一般不浇水，加大昼夜温差，促进根系发育，外叶开张，叶柄短，短缩茎放粗，积累较多的养分，为内层叶长成粗大叶柄打下基础。

当外界出现霜冻时，夜间放下围裙，白天进行放风，白天保持20℃左右，夜间5～10℃，温室夜间气温降到5℃以下时开始盖草苫，要早揭晚盖。

在定植后一个月左右，达到立心期开始追肥灌水。追肥要选晴天，提早放风，中午露水散尽时，将硫酸铵均匀撒在畦面上，每亩施用20～25千克硫酸铵，撒完后用新笤帚轻扫叶面，撒完后应立即浇水，水在畦面淹没心叶，以防落入的肥料烧坏心叶和生长点，追肥后要经常保持畦面湿润，并要加强放风。20天后进行第二次追肥，把硫酸铵用水融化后随灌水均匀流入畦中，用量和第一次追肥相同。

随着外界气温的进一步下降，要在温室后墙外培土，后坡上铺秸秆防寒，白天要缩短放风时间，减少放风量，超过25℃放风，20℃以下不再放风，尽量减少灌水次数，以防病害发生。

5. 收获

冬季日光温室生产的芹菜，一般在7月上旬播种，如果温、湿度控制适宜，肥水管理科学，营养生长正常，从播种开始，生长到150天达到高峰产量，如果前期温度偏高，生长较快，120天既可达到采收标准。

冬季温室生产的芹菜可以多次劈收，劈收的标准既根据芹菜的成熟度，又要根据市场的需要，所以收获期的伸缩性很大。产品已经达到收获期，但是，市场要求不多，价格较低，就应晚揭早盖，降低温度，控制灌水，使其生长缓慢，一般新年劈收一次，春节收完。

（六）日光温室春芹菜栽培

北方广大地区从春分到端午节，市场芹菜比较紧缺，由于这时温室冬芹菜生产已经结束，中、小拱棚芹菜上市较晚，从南方调运途中容易黄叶腐烂，并且进入3月后，南方露地芹菜已大部分抽薹，所以温室春芹菜栽培经济效益较高。

1. 品种选择

耐热性强、生长快的空心芹品种，以保证适时收获，提早上市。

2. 育苗

利用冬季生产温室或蔬菜育苗用的温室东西两侧，前底脚温度较低处进行育苗，11 月中下旬播种，育苗方法用撒播，苗期 60 ~ 70 天。此期正值冬季，温室基本不放风，湿度较大，一般不用浇水和追肥，防止徒长。

3. 定植

整地做畦施基肥：前茬倒地后，清除残株杂草，整平土地，每亩施农家肥 5 000千克，深翻耙平。

定植方法：每畦栽 5 ~ 6 行，每穴栽 3 株，穴距 8 厘米，每亩栽苗 12 万 ~ 13 万株，单株可略密些，由于春芹菜生长期较短，生长量小，易发生未熟抽薹。所以，可适当密植靠群体增产，栽苗方法与冬芹菜相同。

4. 定植后管理

春芹菜定植初期光照弱，温度较低，放风量小，土壤水分蒸发少，一般不需浇缓苗水。白天保持 15 ~ 20℃，超过 20℃ 放风，前期防止徒长，促进根系发育。随着外温升高，温室加强放风，避免温度过高引起病害。当植株已有 6 ~ 7 片叶时，进行追肥，方法和冬芹菜相同。追肥后经常保持畦面湿润，白天温度提高到 20 ~ 25℃，连续灌几次大水，使芹菜叶柄迅速伸长。

春芹菜从育苗到定植后的生长期间，低温春化过程已经完成，春分以后在长日照下生长，花芽分化和花器发育条件具备，芒种前一般都已抽薹，其产品主要靠外叶的徒长，所以，当温度适宜时肥水齐施，可获得较高的产量。

5. 收获

春芹菜定植后一个半月即可开始收获，开始每株劈叶采收，到端午节一次收完。

（七）小拱棚短期覆盖芹菜栽培

小拱棚短期覆盖栽培芹菜，是育苗移栽的芹菜提早定植、提早收获的措施。

芹菜幼苗达到4片叶以后，遇到10℃以下的低温，10～15天就能通过春化过程，再遇到长日照就进入生殖生长期，很快抽薹，所以，春芹菜的生长期只有100～120天，其产品是徒长的外叶和刚抽生的嫩茎。

1. 育苗

选用不易抽薹的品种，1月上旬至2月中旬在温室或冷床育苗。浸种催芽和播种方法与温室春芹菜相同。

幼苗期白天超过20℃放风，夜间保持10℃，后期保持12℃，苗床经常保持见干见湿。定植前加大放风量，降低温度，白天15～20℃，夜间5℃，以提高适应性。

2. 定植

定植畦准备：芹菜比较耐寒，定植时露地尚未解冻，所以最好在入冬前作畦施基肥，翻耙后插上小拱棚骨架，冬季降雪后及时清除积雪，春天提早扣薄膜，当外界气温达到－5℃时即可定植。

定植方法、密度：按穴间距离10厘米，不需分行满畦栽苗，每穴栽苗3株，栽苗深度以幼苗在苗床的原来入土深度为标准，栽完后立即灌大水。

3. 田间管理

定植后密闭不放风，促进缓苗。缓苗后超过20℃放风，开始放风后要经常保持畦面湿润，小水勤浇。当外叶开始直立生长时，每亩追硫酸铵 30 千克，用水溶化后随水灌入畦中。

4. 收获

小拱棚短期覆盖栽培芹菜，在撤掉小拱棚后连续灌几次水即可收获，一般 1 次割完。不易抽薹的品种，也可以进行劈收，劈收后，及时中耕，当心叶开始生长后再追肥浇水，连续劈收几次后，最后一次割完。

（八）大棚黄瓜套栽芹菜

大棚黄瓜行距大，初期营养面积有剩余，并利用芹菜较耐寒的特点，可以比黄瓜提早定植一个月，在黄瓜初花期已达到收获期，因此，套种芹菜对黄瓜的生育影响不大。一般大棚黄瓜 1 米畦隔畦栽植双行黄瓜，空畦栽芹菜。

1. 育苗

大棚套种芹菜的育苗方法与温室春芹菜相同，只是播种期适当延晚。一般 3 月上旬定植，可于 1 月上旬播种。定植前要进行低温锻炼。

2. 定植

每畦栽 5 行，株距 8 厘米，一穴栽双株，栽苗方法与春芹菜相同。每亩栽苗 4 万株左右。

3. 定植后管理

定植后灌一次缓苗水，白天棚温超过 20℃放风，缓苗后松土保墒，促进根系发育，控制地上部徒长。大棚黄瓜定植后芹菜叶片开始直立生长，应及时追肥灌水。大棚温、湿度要按黄瓜生长需要进行。

4. 收获

为了不影响黄瓜生长发育，在黄瓜定植后尽量促进芹菜生长，在黄瓜进入初花期把芹菜一次割完。

（九）病虫害防治

设施栽培芹菜常见的侵染性病害有叶斑病、菌核病和软腐病等，常见的生理性病害有芹菜烂心病、芹菜茎裂病、芹菜空心病等，影响芹菜生长，降低产量和品质。

（1）芹菜斑枯病。防治措施如下。

①选用无病种子或对种子做消毒处理。

②发病地进行 2 年以上的轮作。

③田间病株彻底清除，发病初期摘除病叶。

④加强田间管理，保证田间通风透光良好。

⑤药剂保护。在发病地区，苗高 2～3 厘米时开始喷药，每隔 7～10 天喷 1 次，常用药剂有：65% 的代森锌可湿性粉剂 500 倍液，75% 的百菌清可湿性粉剂 600～800 倍液，50% 的多菌灵可温性粉剂 500 倍液。

（2）芹菜软腐病。防治措施如下。

①实行 2～3 年轮作，并深翻晒田。

②清洁田园，田间发现病株要及时拔除深埋。

③合理密植，避免大水漫灌，施腐熟的粪肥等。

④发病初期喷洒可杀得可湿性粉剂1 000倍液。

（3）芹菜菌核病。防治措施如下。

①实行多年轮作，如与百合科、藜科蔬菜实行3 年以上轮作。

②从无病株上选留种子，并进行种子消毒。种子在播种前用10% 盐水选种，除去菌核后再用清水冲洗干净，晾干后再播种。

③加强栽培管理。芹菜收获后深翻土壤，将大多数菌核埋在10 厘米以下；还可采用保护地内灌水，覆盖地膜阻挡子囊盘出土，减轻发病或闭棚 7～10 天，利用高温杀灭部分菌核；施足有机肥，增施磷钾肥。

④药剂防治。发病初期喷 50% 速克灵可湿性粉剂或 50% 扑海因可湿性粉 1 000～1 500倍液，上述药剂交替使用，隔

7~8天喷1次。喷药前应先拔除病株，并将病株带出田外深埋或烧毁。

第三节　葱蒜类蔬菜设施栽培技术

一、洋葱

（一）生产季节

洋葱的栽培季节各地差异较大，但都要求将叶生长盛期安排在凉爽季节，将鳞茎形成期安排在温度较高和日照较长的季节。长江及黄河流域以秋播为主，冬前定植，次年夏季收获。播种期要求严，避免越冬幼苗过大，以防先期抽薹。北方较寒冷地区秋播，冬前起苗假植或苗床覆盖防寒物越冬，次年春季定植，夏季收获；或早春设施育苗，春暖定植。在夏季冷凉的山区及高纬度的北部地区春季播种，夏季定植，秋季收获。我国部分地区洋葱生产季节安排见表4－2。

表4－2　我国部分地区洋葱生产季节

地区	播种期（旬）	定植期（旬）	收获期（旬）
沈阳	1月下至2月上	4月中	7月中
长春	2月上	4月上中	7月中
北京	9月上	10月中或3月中下	6月下
石家庄	9月上	10月下至11月上或3月中	6月下至7月上
济南	9月上	11月上	6月中下
南京	9月中	11月下	5月上中
西安	9月中	10月下至11月上	6月中下
郑州	9月中	11月上	6月下
重庆	9月中	11月中下	5月中下
昆明	9月下	11月上	5月上

洋葱在北方秋栽地区，易过早感受低温条件通过春化阶段，诱导花芽分化，引起先期抽薹。抽薹后，鳞茎因营养缺乏不能充分肥大，致使产量、品质和耐贮性降低。为防止先期抽薹，除选择冬性强的品种外，更要避免低温期幼苗过大。播种期的早晚，直接影响幼苗的大小。播种早，幼苗过大易抽薹；播种晚，幼苗弱小，抗寒性降低，易死苗。总之，应根据所选用品种对低温和日长的反应，合理安排播种期和定植期，越冬前使幼苗健壮而不过大。

（二）生产技术

天津市植物保护研究所对洋葱无公害高产栽培技术进行了研究，制定出《无公害农产品洋葱技术规程》，已通过天津市质量技术监督局审定并发布实施，2006 年已在生产上推广应用 133 公顷，增产 10% 以上。

1. 生产基地及环境选择

生产基地选择远离“工业三废”污染的区域，要求符合 NY 5010 的规定。生产基地大气中各项指标符合国家《环境空气质量标准》（GB 3095—1996）二级标准要求。农田土壤环境质量良好，达到国家《土壤环境质量标准》及《农产品安全质量标准》要求。

2. 品种选择

洋葱在天津一般秋季播种育苗，露地定植越冬，宜选用中晚熟、耐肥水、适应性广、抗病性强、耐贮运、品质优的长日照品种。京津地区多选择大水桃、荸荠扁、金球 3 号、金球 4 号、北京黄皮等。

3. 适时播种

做宽 1.0 ~ 1.5 米，长 10 ~ 20 米，高 0.3 米的平畦，播种前 10 ~ 15 天进行翻耕，每亩施入充分腐熟、捣碎、过筛的农家肥2 000千克，磷酸二铵30～40千克，硫酸钾25千克，将肥料与土壤充分混匀，深翻两次，深约15厘米，再耙细整平畦面。为了保证播种质量，整地后经2～3小时畦表土稍微干燥发白时再播种。

为利于发芽整齐和提早出苗，可先用冷水浸种10～11小时，捞出摊晾至不黏手即可播种，或在20～25℃温度下催芽，种子露白时播种。每亩育苗床播种量4～5千克，大田栽植面积为育苗床面积的15～20倍。8月下旬至9月上旬播种育苗。

沙质壤土采用条播，在平整好的畦面上按行距5～8厘米开沟，深2厘米，将种子捻入沟中，播种后用扫帚轻扫畦面，可将落在沟外的种子扫入沟内，并起到覆土的作用，然后用脚轻踩畦面，镇压后浇水；壤土或黏壤土撒播，播种前1天先轻浇1次水，第2天畦面松土，种子掺入细土后均匀撒在畦面上，然后覆1厘米厚的细土，再覆盖草苫、麦秸等。60%以上种子出苗后，下午分层撤除覆盖物。

4. 苗期管理

当洋葱种子开始出土时，用苇帘或遮阳网遮阳，下午应撤掉遮阳物。在子叶未伸直前浇第1水，在直钩（伸腰）期再浇1次水，伸出第1片真叶时要适当控水。第2片真叶以后结合浇水，每亩追施尿素12～18千克或硫铵24～36千克。幼苗生长前期要保持土壤湿润，苗齐后每隔7～10天浇1次小水，以后见干见湿；定植前15天左右控水。

如果10月播种，则在春季定植，幼苗越冬时要在苗畦北侧加风障，并浇1次冻水，使畦面水层深度不低于2厘米。第2天在育苗畦内覆盖约1厘米厚的细土，防止畦面出现裂缝。天气变冷时再分次覆盖碎稻草或麦秸等，厚度为10～15厘米，或用塑料薄膜进行覆盖。越冬期间将畦四周的薄膜压严，翌年春季天气变暖时一次性撤掉覆盖物。2片真叶后，在追肥之前采用人工拔草并间苗，每平方米留650～750株；或在播种3天后每亩施33%二甲戊乐灵乳池100～150克或48%双丁乐灵乳油200克对水50千克，在苗床表面均匀喷雾除草，用药不宜过晚。

5. 定植

畦宽1米，畦长8～9米，畦间沟深0.3米，翻土深20厘米。每亩施腐熟农家肥2 000～3 000千克、过磷酸钙25～30千克、磷肥35～40千克，再进行1～2次浅耕，整平，每亩喷施72%异丙甲草胺乳油50毫升除草。再浇水，水未完全渗下时覆膜，用铁锨顺畦埂四周将地膜边缘压进土中6厘米左右。

晚秋或初冬（10月下旬至11月上旬）定植，幼苗按大、小苗分级栽植，叶鞘直径近1厘米的大苗定植前将叶鞘剪掉1/3以减少抽薹；淘汰带病、虫伤及黄化萎缩的劣苗。株距13厘米，行距16.5厘米，深3～4厘米，每亩定植30 000～35 000株。膜上打孔，将幼苗插入定植孔内，幼苗定植前将须根剪短，留1.5～2.0厘米，定植时必须使叶鞘顶部（五杈股）露出地面，定植后浇水。

6. 田间管理

（1）追肥。返青后进行第1次追肥，每亩追施磷酸二铵10～15千克、硫酸钾8～10千克或三元复合肥20千克；此后追施提苗肥，每亩追施尿素10千克或硫酸铵10～15千克，或三元复合肥15～25千克；当植株长出8～10片管状叶、鳞基开始膨大生长时追施关键肥，每亩追施硫酸铵10～20千克、硫酸钾25～30千克或三元复合肥20千克，间隔20天左右施1次，共施2～3次，最后1次追肥应距收获期30天以内。

（2）浇水。越冬前在中午气温较高时浇冻水，不能浇得过早或过晚，以浇水后地表无积水、土壤随即封冻而不再融化为准。早春返青后10厘米土层温度稳定在10℃时浇水，叶部生长盛期保持土壤见干见湿，6～9天浇1次水；幼苗转向以鳞茎膨大为主的生长阶段时进行蹲苗，10天后配合追肥进行浇水，以后每隔5天左右浇1次水，田间个别植株开始倒伏时停止浇水。

（3）蹲苗。在鳞茎膨大前10天左右进行蹲苗，当洋葱成熟的管状叶变成深绿色、叶肉肥厚、叶面蜡质增多、新叶颜色加深时，结束蹲苗。

（4）中耕培土。如不覆盖地膜，则在蹲苗前进行中耕，深3厘米；当植株封垄时停止中耕。

7. 采收及贮存

葱叶逐渐变黄、鳞茎外层鳞片变干、假茎松软倒伏达到30%～50%时收获，切忌淋雨。带叶一起收获后就地码放，不使鳞茎直接暴晒，经2～3天叶片已经萎蔫，将叶片编成辫子或扎成捆，并把损伤、虫咬、感病株、裂球和早期抽薹的劣质洋葱剔除，鳞茎朝下、叶辫朝上摆平晾晒，6～7天叶辫由绿变黄，鳞茎外皮已干，堆成小垛，覆盖苇席或塑料薄膜，10天后选晴天摊开再晒，反复晾晒3次以后上垛堆贮藏。建垛应选地势高，排水好的地方，垛底做1米高的土埂，东西延长，土埂垫木檩和干燥苇席，垛宽1.2～1.5米，高1.5米，长8米；选晴天的傍晚码垛，要轻拿轻放，避免机械损伤，防止漏雨。

8. 病虫害防治

（1）农业防治。前茬作物收获后将病残体及时清出田园。

（2）物理防治。播种前用温水浸种杀菌；按糖：醋：酒：水：90%敌百虫晶体为3：3：1：10：0.6（质量比）的比例配成溶液，诱杀种蝇类害虫，每亩放置1～3盆，随时添加，保持不干；用30厘米×20厘米黄板诱杀蚜虫，每亩挂30块，悬挂高度与植株顶部持平或高出5～10厘米，每隔7～10天重涂1次机油；用蓝板诱杀葱蓟马。

（3）生物防治。用1.1%苦参碱粉剂防治葱蝇成虫和幼虫；用20%阿维菌素乳油1 500倍液防治蚜虫、红蜘蛛等；用高效Bt乳剂500～800倍液或粉剂200～300倍液防治菜青虫。

（4）药剂防治。

①猝倒病。在幼苗大量出土后用72.2%霜霉威水剂800倍液或75%百菌清可湿性粉剂800～1 000倍液喷雾防治，每7～10天喷1次，共喷2～3次。

②霜霉病。发病初期及时用58%甲霜灵锰锌可湿性粉剂500倍液或50%甲霜铜可湿性粉剂600～700倍液，或75%百菌清可湿性粉剂600倍液，或40%三乙膦酸铝（乙膦铝）可湿性粉剂200倍液，或64%杀毒矾可湿性粉剂400倍液喷雾防治，每7～10天喷1次，共喷3次。

③软腐病。发病初期可用77%可杀得可湿性粉剂500～600倍液或5%菌毒清乳剂300倍液，或50%琥胶肥酸铜可湿性粉剂500倍液，或72%农用链霉素可湿性粉剂4 000倍液，或新植霉素可湿性粉剂4 000～5 000倍液喷施植株基部防治，每隔5～7天喷1次，连喷2次。

④紫斑病。发病初期可用50%代森锰锌可湿性粉剂600倍液或72%克露可湿性粉剂600倍液，或64%杀毒矾可湿性粉剂500倍液喷雾防治，每7～10天喷1次，连喷2次。

⑤灰霉病。发病初期可用50%灰霉灵可湿性粉剂600倍液或76%灰霉特可湿性粉剂500倍液，或48%灰霉克星可湿性粉剂500倍液，或50%农利灵可湿性粉剂1 000～1 500倍液喷雾防治，每隔7～10天喷1次，连喷2～3次。

二、韭菜

（一）生产季节

韭菜耐寒，耐弱光，适应性强，南方地区一年四季均可露地生产青韭，北方地区春、夏、秋3季可露地生产青韭，早春、晚秋及冬季可利用温室、塑料拱棚、阳畦等设施生产青韭或韭黄。春、秋季均可播种，直播或育苗，春、夏季移栽。播种1次，可连续生产4～6年。

韭菜设施栽培季节，依当地气候、设施种类和性能、根株营养回根期、产品供应期等而不同，可以提前或延后。我国部分地区露地韭菜的生产季节见表4－3。

表4－3　我国北方部分地区露地韭菜的生产季节

地区	播种期（旬）	定植期（旬）	收获期［（指第1茬）旬］
北京	4月下～5月下	7月下～8月上	3月下
长春	4月上～4月中	直播	4月下～5月上
沈阳	4月上～5月上	直播	4月下～5月上
太原	3月下～5月上	7月中～7月下	4月上
西安	3月中～3月下	6月下～7月上	3月中
济南	4月上～4月下	7月上	9月下或3月下～4月上
郑州	3月中	7月下～8月上	3月中
保定	4月上～5月上	7月下～8月上	3月中
哈滨	5月中～5月上	直播	5月上

（二）生产技术

1. 青韭小拱棚越冬生产技术

冬春季节利用塑料拱棚生产韭菜，具有周期短、投资少、效益高、栽培容易的特点，这种栽培方式已在河南省尉氏县推广多年，并逐渐摸索出一套无公害生产技术，每亩产量达3 000～4 000千克，产值可达7 000～8 000元。

（1）种植基地选择。应选择无污染的土壤、水质和空气区域建立生产基地，种植田要清洁卫生、土层深厚、地势平坦、排灌方便、土质疏松肥沃，前茬为非葱蒜类蔬菜。

（2）品种选择。应选用品质优良、抗病虫、抗寒、耐热、耐弱光、商品性好、高产、耐贮的品种。如平韭四号、河南791、汉中冬韭、山东独根红等。

（3）整地施肥。每亩施优质农家肥5 000千克或干鸡粪1 500千克、硫酸钾复合肥50千克。适当施入硫酸亚铁、硫酸锌、硫酸锰等微肥。施肥后深耕细耙，做成宽3米的平畦。

（4）播种及苗期管理。露地3月下旬至4月上旬播种。利用小拱棚播种育苗，可提早到2月中下旬至3月上旬。采用新籽，每亩播种量为3.5～4.0千克。可用干籽直播，也可浸种催芽后播种。方法是：用30～4℃的温水浸泡20～24小时，除去秕籽和杂质，淘洗干净后用湿布包好，放在16～20℃的条件下催芽，每天用清水冲洗1～2次，待60%种子露白时即可播种。采用开沟条播法，在畦内按行距20～25厘米开播种沟，沟宽4～6厘米，深2～3厘米，沟底面平整，播种后立即覆土，厚度为1.0～1.5厘米，浇足播种水，待水渗下后喷施除草剂，可用33%除草通100～150克/亩，加水50千克，之后覆盖地膜保湿。当30%以上种子出苗后撤除地膜，幼苗出土后，7～8天浇1次水，使地表经常保持湿润状态。当苗高18厘米左右时，适当控水蹲苗，促根控叶，防止植株倒伏。苗期浇水需轻浇、勤浇，结合浇水追1次肥，每亩顺水冲施硫酸钾复合肥10～15千克或尿素10千克，或腐熟人粪尿2 000千克。

（5）露地生长阶段管理。

①水分管理。入夏后气温逐渐升高，降水量增多，不适于韭菜生长，一般生长量很小，应适量浇水，任其自然生长。雨后浇井水降低地温，防止积水烂根，注意中耕除草。进入9月为韭菜生长的适宜时期，需水量增大，应7～10天浇1次水，

经常保持土壤湿润。10 月地表保持见干见湿，不旱不浇水。以后随着气温降低，应减少浇水，以防植株贪青而影响养分的贮藏积累，不利于越冬生长。

②追肥管理。入秋后，结合浇水，分别于 8 月上中旬和 9 月下旬进行两次重追肥。第 1 次每亩追施尿素 15 ~ 20 千克，趁雨天撒施。第 2 次追施硫酸钾复合肥 25 千克或追施腐熟人粪尿 2 000千克，或腐熟饼肥、烘干鸡粪 200 ~ 250 千克。

③其他管理。8 ~ 10 月韭菜抽薹开花要及时采收花薹，以利植株生长、分蘖和养分的积累。对于旺长植株，为防止倒伏，可采用棉花秆、树枝或顺行两端拉线等方法设立支架。倒伏现象严重的植株也可将上部叶片割掉 1/3 ~ 1/2，以减轻地上部重量，使其自然恢复直立。

（6）拱棚越冬生长阶段管理。

①扣棚。立冬前后割去并清除地上部枯叶，用 50% 多菌灵 500 倍液喷雾消毒，并用 80% 敌百虫或毒斯本和 50% 速克灵可湿性粉剂或三唑酮乳油 800 ~ 1 000倍液顺垄喷灌根部，以防韭蛆和灰霉病。在韭菜垄间开沟追肥或收割后普施追肥，每亩施细碎有机肥 1 000 ~ 2 000 千克或干鸡粪 300 ~ 500 千克、硫酸钾三元复合肥 50 千克，适量追施硫酸亚铁、硫酸锌、硫酸锰等微肥。施肥后浇 1 次透水，待水渗下后，在垄上撒一层 1 ~ 2 厘米厚的细沙。立冬前后扣棚，拱棚宽 3 米，高 1.0 ~ 1.2 米，长 50 ~ 70 米，东西走向。拱杆采用宽 5 厘米的竹片，拱间距为 50 ~ 60 厘米，用木棍做支柱，拱顶及两端用铁丝相连。覆膜后每隔 1.5 ~ 2.0 米用一道压膜线紧压，覆盖草苫，北侧用玉米秸设立风障。

②扣棚后的温、湿度管理。扣棚初期一般不揭膜放风，白天保持 28 ~ 30℃，夜间 10 ~ 12℃。韭菜萌发后，棚温白天控制在 15 ~ 24℃，不超过 25℃，夜间 10 ~ 12℃，不低于 5℃，

超过25℃注意放风排湿，相对湿度保持在60%~70%。若气温降低，夜晚覆盖草苫。每一刀韭菜收割前5~7天要降低棚温，使叶片增厚，叶色深绿，提高商品质量。收割后棚温可提高2~3℃，以促进新芽萌发。以后各刀生长期间，控制的上限均可比前一刀高2~3℃，但不超过30℃。昼夜温差控制在10~15℃。

③扣棚后的肥水管理。一般头刀韭菜生长期间不需追肥漆水，防止降低地温和增加空气湿度，避免叶片发黄、干尖和发病。第2刀浇水应在头刀韭菜收割后7~10天浇1次水，韭菜长至10~15厘米时再浇1次。第3刀韭菜水分管理同第2刀。扣棚后每次浇水量要小，忌大水漫灌。结合浇水每亩顺水冲施硫酸钾复合肥10~15千克。收割前结合喷药适当喷洒叶面肥和生长素，促进植株旺盛生长。

（7）收割。一年生根株，收割2~3茬，二年生以上的根株，可收割3~4茬。韭菜根株可连续生产3~5年。韭菜以7叶1心为收割标准，清晨收割最好，以割到鳞茎上3~4厘米黄色叶鞘处为宜，两刀间隔30~35天，边割边捆成把边装筐，保持韭菜的新鲜，并做到净菜上市。

（8）多年生管理。韭菜越冬生产主要供应冬春季。一般收割3~4刀后，生长势减弱，即进入养根壮棵阶段。此间可按一般露地栽培进行常规管理，重点应加强肥水供应，培养根株，防病治虫，保护功能叶。根据植株生长健壮程度，对生长旺盛的韭菜，也可适当收割1~2刀，收割后须及时追肥、浇水，清除杂草，促进新叶生长。对二年生以上韭菜，秋季应及时摘除花薹，清除枯黄叶片，减少养分消耗，改善光照条件，增加养分积累，确保植株生长健壮。韭菜有跳根的习性，因此从定植后的第3年起，每年需培土1次，以防早衰。一般撤膜后至旺盛生长期均可培土，每年培土1厘米左右，与鳞茎上移的高度一致。

2. 日光温室韭菜生产技术

山东寿光市菜农利用日光温室生产无公害韭菜，投资少、效益高，产品很受市场欢迎。

(1) 品种选择。一般选用寿光独根红、汉中冬韭等品种。这些品种休眠期适中、品质好、叶宽、直立性强、生长旺盛、耐寒性强，低温下生长速度较快，扣棚后第1~2刀产量比较高，适合覆盖栽培。

(2) 根株培养。日光温室韭菜栽培，其根株培养是高产稳产的关键。一般采用育苗移栽养根。

①整地作畦，适期播种。每亩施充分腐熟的有机肥5 000千克、氮磷钾复合肥40千克，精细整地，使土壤与肥料充分混合，然后作畦。4月上旬播种，每平方米播种量10~15克，方法是：将种子均匀撒于畦面，覆细土0.5~1.0厘米，之后用脚踩1遍，以使种子与土壤密切接触。幼苗出土前保持土壤湿润，以利出苗。幼苗期加强管理，及时除草，当株高达15~20厘米时即可移栽。

②移栽及田间管理。结合整地每亩施充分腐熟的优质圈粪5 000千克、氮、磷、钾复合肥100千克，做成垄畦或平畦。为使韭菜根系分布均匀，利于分蘖，垄栽时最好栽成小长条，而不栽成撮，垄距33厘米，一垄栽2行，小行距7厘米，埯距10厘米，每埯10株。畦栽行距13~20厘米，埯距10~12厘米，每埯6~8株。栽植深度以不超过叶鞘为宜。定植后的管理以促进缓苗为主。立秋后是最适宜韭菜生长的旺盛季节，也是肥水管理的关键时期。此期应加强肥水管理，每隔5~7天浇1次水，结合浇水，追施速效性氮肥2~3次，每亩施尿素10千克促进植株生长，为根茎的膨大和根系的生长奠定物质基础，产量的高低主要取决于冬前植株物质积累的多少。

（3）冬春季管理。

①扣棚。11月中下旬扣棚。扣棚前清除枯叶杂草，并在土壤封冻前浇好冻水。扣棚后加强保温、加盖草帘等。

②温度管理。初期温度不能过高，应该逐步升高，通过中耕培土提高地温和增加假茎高度。白天温室控制在18～28℃，夜间8～12℃，最低不能低于5℃。韭菜在高温高湿的环境条件下易徒长烂尖，诱发灰霉病的发生，超过27℃必须放风排湿，在温度管理上要防止温差过大。

③湿度管理。通风换气是调节室内温湿度，排除有害气体，以利韭菜生长的重要措施之一，还可以提高韭菜品质，减少病害发生。头刀韭菜收获前4～5天适当通风，收割后闷棚升温，利于韭菜伤口愈合。韭叶长至9～12厘米时，超过27℃就要通风，每次浇水后要适时通风，使湿度控制在80%以下，防止灰霉病发生。

④水分管理。塑料温室保湿性强，一般割头刀韭菜前不浇水，待2刀收割前4～5天浇水，水量根据棚内温度而定，温度高水量可大些，反之要小些，浇水要在晴天上午进行。

⑤施肥。头刀韭菜收获后，每次浇水时追1次化肥，每亩施氮、磷、钾复合肥10千克，追肥后要及时放风，排除氨气，以免韭叶脱水烂尖。为防止韭菜硝酸盐污染，一般不追施含硝态氮的肥料，每次割韭前15～20天停止浇水施肥。

（4）病虫害防治。韭菜的病害主要是灰霉病、疫病，虫害主要是韭蛆。

（5）收获。韭菜长至30厘米时即可收获，收割时留茬高度必须适当，过浅影响产量和品质，过深损伤根茎，影响下刀和整个植株长势，以刚割到鳞茎上3～4厘米黄色叶鞘处为宜。

3. 韭黄生产技术

韭黄是利用当年播种的韭菜鳞茎的养分，在一定的温湿度条件下，经无光软化栽培而生产的一种蔬菜。江苏丰县栽培韭黄历史悠久，一般亩效益为5 000元左右。

（1）根株培养。

①品种选择。多采用马鞭韭，该品种生产的韭黄具有叶片宽、叶质肥厚、颜色金黄、纤维少、品质嫩、辛辣味较淡等优点。

②培育壮苗。一般在3月上中旬进行地膜+拱棚育苗，栽植亩大田需种子1～1.25千克，育苗床130～160平方米，施复合肥5～6千克，优质土杂肥150千克。播种前作畦宽1.3～1.5米，浇透水，水下渗后均匀撒种，覆1厘米细土，铺地膜支拱棚，出苗70%时撤去地膜，出齐后保持畦面见干见湿，及时清除畦内杂草，6月中旬即可移栽。

③田间管理。定植田施足基肥，每亩施优质土杂肥4 000～5 000千克、尿素15千克、磷酸二铵25千克、硫酸钾20千克，作畦宽2～4米，开定植沟深10厘米，移栽时覆土8厘米以不埋心叶为标准。一般行距20厘米，穴距3～4厘米，每穴2～3株。移栽10～15天返青后，每亩追尿素5～8千克，盛夏高温季节，注意排水防涝。立秋后气温逐渐下降，植株进入生长旺盛阶段，结合浇水每亩追三元素复合肥15～20千克、尿素10千克。寒露后气温降低，叶片营养物质逐渐回流，向鳞茎输送贮藏，此期是韭菜根养分积累的关键时期，结合浇水每亩施尿素10千克、硫酸钾10千克。

（2）建窖。选择地势高燥、避风向阳的地方作窖，窖长4.5米，宽2.5～2.8米，深1.3米，每窖可排333～400平方米大田的韭根，窖顶水泥棒，棒距50～60厘米，棒上铺玉米秸秆，酿热物放在上面即可。

酿热物大多利用未经发酵的牛马粪或碎稻草、麦秸、树叶、酒糟等，并加适量的氯素和生石灰。一般每立方米酿热物加尿素1.5～2.5千克、生石灰2～3千克拌匀，每窖需准备酿热物5～7立方米。

（3）入窖后的管理。韭菜地上部受数次严霜后，叶片发枯，养分向鳞茎转移贮藏。一般在12月上旬，最低气温在－5℃左右时起刨为宜，起刨时要尽量少伤根和鳞茎，抖净泥土，40～50株扎成1把，剪去鳞茎2厘米以上的枯叶，入窖排根需经过打浆、沾根、排根3道工序。打泥浆以黏土为好，每100千克土加水200千克，在容器内搅拌均匀调成糊状。沾根，将韭根放在泥浆中浸泡1～2分钟捞出，抖去多余的泥水，随即入窃窖排根。窖顶覆盖30厘米厚酿热物，保持窖温10℃以上。在韭根入窖的第2天中午，每平方米洒水（水温10℃左右）5～6千克。当韭黄长到6～7厘米时（入窖后9～19天），每平方米再浇温水5～6千克，并增覆酿热物到35厘米，保持窖温在14℃左右。当苗高13～15厘米时（约入窖后15天），浇最后1遍水，方法同上，然后增加酿热物厚度，控制窖温在16～18℃。

（4）采收。韭黄一般可采收3茬，每窖产量650～700千克。头茬产量高、质量好，在正常情况下20～22天韭黄长到35～40厘米时即可采收。采毕打开窖门凉窖1天，降低窖内温湿度。第2天每平方米洒水5千克，细土4～5千克，窖顶换上新酿热物厚约40厘米，然后封窖门生产第2茬韭黄。第3茬生产方法同第2茬。

4. 病虫害防治

（1）灰霉病。每亩用10%腐霉利烟剂260～300克或10%速克灵烟剂200～250克，或20%百菌清烟剂100～200克，棚内分4～5个点，傍晚关闭棚室，点燃熏蒸。也可用6.5%多菌·霉威粉尘剂或10%灰霉灵粉尘剂，或5%百菌清粉尘剂喷粉，每亩用药1千克。晴天用50%速克灵或50%扑海因

1 000～1 500倍液防治，或40%二甲嘧啶胺悬浮剂1 200倍液，或65%硫菌·霉威可湿性粉剂1 000倍液或50%异菌脲可湿性粉剂1 000～1 600倍液喷雾，7 天喷 1 次，连喷 2 次。

（2）疫病。用5%百菌清粉尘剂，每亩用药 1 千克，7 天喷 1 次。发病初期用 60% 甲霜铜可湿性粉剂 600 倍液，或 72%霜霉威水剂 800 倍液，或 60%烯酰吗啉可湿性粉剂 2 000 倍液，或 72%霜脲锰锌可湿性粉剂，或 60%琥乙膦铝可湿性粉剂 600 倍液灌根或者喷雾，10 天喷（灌）1 次，交替用药，连喷 2～3 次。

（3）韭蛆。第 1 刀于扣棚前喷灌敌百虫、辛硫磷、毒斯本即可。第 2 刀和第 3 刀若棚内有葱蝇，可在上午 9～11 时喷洒 40%辛硫磷乳油 1 000倍液，或 20%杀灭菊酯乳油 2 000倍液，或其他菊酯类农药如溴氰菊酯、氯氰菊酯、氰戊菊酯、功夫、百树菊酯等。若有韭蛆用毒斯本、敌百虫、辛硫磷 800～1 000倍液在有韭蛆为害处灌根。

第四节　芽苗菜类蔬菜设施栽培技术

一、荞麦芽

荞麦为蓼科荞麦属双子叶一年生草本植物，其茎叶中富含芦丁，对人体血管具有扩张及强化作用，为高血压及心血管病患者的保健食品。荞麦芽（*Fagopyrum esculentum*）食用方法有凉拌、加蚝油炒、做汤等多种。荞麦芽适宜生长温度为 20～25℃，最高不超过 35℃，最低不低于 16℃，需湿润、弱光的生长环境，可利用日光温室、空闲房屋等生产。荞麦芽可四季生产，周年供应。

可用角铁、钢筋、竹木等搭成栽培架，架高 1.6 米左右，每层间距为 45 ~ 50 厘米，共设四层，上码塑料苗盘。

（一）品种选择

所有荞麦品种均可生产芽菜，但其中以“苦荞麦”为最佳，因其种子内芦丁含量最高。选用种粒要求发芽率 85% 以上，去掉破粒、秕粒和杂质。

（二）浸种催芽

先将种子晒 1 ~ 2 天，然后将种子在 20℃清水中浸泡 22 ~ 36 小时，沥去水分，放在容器内，上盖湿布片或湿毛巾，在 22 ~ 25℃恒温处催芽 24 ~ 72 小时，待种子“露白”时即可播种。

（三）播种

预先将苗盘消毒并冲洗干净，盘底铺 1 ~ 2 层吸水力强的纸或无纺布，并淋湿。将发芽的种子均匀撒播在吸足水分的纸上，每盘播种量为 150 ~ 175 克，每平方米为 1 000克左右。播后将苗盘叠放在一起，使其不见阳光，置于 22 ~ 25℃温度下，当芽长至 2 厘米时，苗盘上架，见光生长。

（四）喷雾

播种后 5 ~ 6 天，种芽已长至 5 ~ 6 厘米，应定时喷雾，始终保持室内相对湿度 85% 左右。喷水次数一般 1 天 3 次为宜，盘内不积水。

（五）温度控制

温度掌握在 20 ~ 25℃，每 1 ~ 2 天将苗盘调转 1 次方向，以利生长均匀、整齐。

（六）采收

播种后 10 ~ 12 天，种芽下胚轴长至 12 厘米，子叶平展、绿色，上胚轴紫红色，近根部白色时采收。采收时可整盘上市，也可用刀从根部割下包装上市。

二、豌豆苗

豌豆是菜、肥、饲兼用的植物性蛋白源。豌豆苗（*Pisum sativum* L.）又名荷兰豆苗、龙须菜、豌豆尖等，是豆科一年生草本植物。

豌豆苗的供食部位是嫩梢和嫩叶，营养丰富，含有17种人体所需氨基酸，其味清香，质柔嫩，滑润适口，经济效益高，是一种色香味俱全的很有发展前途的高档蔬菜。

豌豆苗耐寒不耐热，种子发芽最适温度为18～20℃，生长适温为15～20℃；喜光，绝大多数品种是长日照作物；根系深，较耐旱，宜选用中性至微酸性、排水良好的沙壤土种植。

（一）品种

（1）上海豌豆苗。分枝力强，匍匐生长，生长期较短，可作春秋两季栽培，品质佳，味甜而清香。

（2）无须豆尖1号。四川农业科学院培育，植株蔓生，极早熟，品质极好。

（3）黑目。植株蔓生，分枝多，抗病性强，极早熟，可作春秋两季栽培。

（4）美国豆苗。植株蔓生，品质较好。

（二）整地施肥

选择与非豆科作物轮作3～5年、地势偏高、排灌方便、土壤疏松肥沃、中性至微酸性的壤土种植。结合深翻施足基肥，然后做成宽1.5米的平畦，在畦内按行距40～50厘米、株距15～25厘米开播种穴。

（三）播种

可安排春秋两茬播种。根据各地的具体气候条件，春茬在

2 ~4 月播种，秋茬在 7 ~9 月播种。播种采取直播方式，每穴 5 ~6 粒种子，每亩用种量为 10 ~15 千克。也可以育苗移栽。

（四）肥水管理

基肥一般每亩施农家肥 1 500 ~2 000 千克、磷酸二铵 10 千克、硫酸钾 10 ~15 千克。追肥以速效氮肥为主，一个生长期追肥 2 次，每次每亩用尿素 10 ~15 千克。因豌豆忌水涝，而干旱又会降低产量和品质，因此，浇水以保持土壤湿润为度。

（五）采收

播种后 30 ~50 天、苗高 16 ~20 厘米时开始采摘嫩梢，以后每隔 15 ~20 天采收 1 次，一般可采收 6 ~10 次。

（六）主要病虫害

主要病害：白粉病、褐斑病、黄顶病。主要虫害：潜叶蝇、蚜虫。

第五章　温室大棚蔬菜减灾技术

第一节　设施蔬菜的灾害性天气预防与应对措施

日光温室种植季节在秋、冬、春季节，室内小气候环境受室外大气候的影响大，经常出现的灾害性天气，破坏日光温室建筑，影响植株的正常生理代谢，导致植株生理失调，抗性降低，从而引发多种生理障碍，给蔬菜生产和供应造成重大损失和严重影响。为有效应对灾害性天气对冬季日光温室蔬菜生产造成的不利影响，防患于未然，把灾害降低到最低程度，从保温、增温、增光等方面入手，总结日光温室冬季蔬菜生产与低温雨雪寡照等灾害应对技术如下。

冬季日光温室蔬菜生产要做好温、湿、光、气调节，为蔬菜生长创造适宜的生长环境，是保证蔬菜丰产的关键。

一、科学调控室内温度

冬季气温较低，光照较弱，不利于保护地蔬菜生长。生产管理应以保温、增温为主。根据不同蔬菜品种对温度的要求，通过合理放风，调节室内温度，最大限度满足蔬菜作物生长需要。黄瓜、茄子、辣椒等蔬菜白天室内温度应控制在 28～30℃，夜间 14～16℃；番茄、西葫芦等蔬菜白天室内温度要控制在 25～28℃，夜间 12～14℃。黄瓜等蔬菜室内温度上升到 30℃左右、番茄等蔬菜室内温度上升到 28℃左右时开始放风，一般采取放顶风，避免放底风，以免冷空气进入室内对蔬菜作物生长造成危害。如遇到大幅度降温，温室内最低温度低于6℃，需要增加临时加温措施，防止发生冷害或冻害。

二、科学浇水，合理调节室内湿度

（1）根据不同的栽培措施选择不同的浇水方式。温室内进行地膜覆盖栽培的，浇水最好采用膜下暗灌或者滴灌，以有效阻止地面水分蒸发，降低室内空气湿度，减少各种病害发生的条件。

（2）合理选择浇水时间。冬季气温较低，浇水应尽量选在晴天上午进行，此时水温与地温接近，浇水后根系受刺激小、易适应，同时地温恢复快，不仅有利于作物根系吸收，且有足够的时间排除棚内湿气。如午后浇水会使地温骤变，影响根系的生理机能。下午或傍晚及雨雪天气则更不适宜浇水。

（3）控制室温。要特别注意室内温度在15～25℃，空气相对湿度应控制在90%以下。

三、合理改善室内光照条件

（一）加强草苫揭盖管理

在温度允许情况下尽量早揭和晚盖草苫。揭草苫时间应以揭开草苫后温室内温度不下降为宜，盖草苫时间应根据季节和室内温度而定，最低气温在0℃以下的季节，应在日光温室内温度降至15～17℃时盖草苫。保温不良的日光温室应更早盖草苫。晴天，草苫要早揭晚盖，尽量延长蔬菜见光时间；阴雪天，根据外界温度状况可在中午短时间揭开草苫，使蔬菜接受散射光照射，不能连续数日不揭开草苫。连续阴雪天气后骤然转晴，要注意采取间隔、交替揭苫，不能立即全部揭开草苫，以防作物叶片在强光下失水萎蔫。如果遇到久阴骤晴、棚温急剧上升，造成叶片生理性水分失调，植株萎蔫时，应采取放回头苫、植株喷水、减少放风或不放风等措施，以防止温度骤变对植株造成的影响，2～3天后待植株逐渐适应再转入正常的揭盖管理。

（二）保持合理的群体结构

适宜的种植密度有利于提高光能利用率，减少漏光损失。温室蔬菜生长进入中后期，可根据植株长势做好整枝、绑蔓，以避免相互遮光，提高光能利用效率。同时要及时摘除失去制造功能的老叶、黄叶、病叶，以减少养分消耗，防止病害蔓延。

（三）张挂反光膜

冬季在距日光温室后墙5厘米处张挂1米左右宽的镀铝镜面反光膜，可使距反光膜0～3米内的光照度增加9%～40%，气温增加1～3℃，10厘米地温提高0.7～1.9℃，能大大改善栽培畦中北部作物的光、温条件，有利于抗御低温寡照灾害。

四、科学追肥，保证蔬菜生长正常的营养供应

深冬季节日光温室内地气温均较低，蔬菜根系吸收能力弱且生长发育缓慢，在底肥充足的情况下，应尽量少进行土壤追肥。但可适当进行叶面追肥，以缓解由于低温寡照导致蔬菜生长发育不良，一般可叶面喷施0.3%磷酸二氢钾+0.3%硝酸钙+1%的葡萄糖液。冬末初春天气转暖后，保护地蔬菜生长发育进入中后期阶段，植株需肥量增大，容易出现脱肥现象，导致植株早衰，在适当增加浇水次数和浇水量的同时，结合浇水，7天左右冲施一次化肥（黄瓜可5天冲施一次化肥）。同时要注意平衡施肥，适量增加磷、钾肥的施用量，每次每亩用钾肥15～20千克或氮磷钾复合肥20～30千克，也可用尿素20～30千克，并与300千克腐熟鸡粪（粪水）交替施用，以

增强植株的抗逆性，提高果实品质。采用叶面喷肥，可快速有效地补给养分，满足生育所需，达到壮秧防早衰的目的。

五、合理调节室内气体浓度，提高光合效率

在室内相对密闭的条件下，二氧化碳浓度的高低会成为影响蔬菜光合作用的重要因素。因此管理中要注意适当增加棚内二氧化碳浓度；早上快速提温，不要过早放风，以充分利用植株夜晚释放的二氧化碳；可采用常规的化学反应法和施用二氧化碳颗粒肥等方法来提高棚内的二氧化碳浓度。

六、合理安排冬春蔬菜茬口，培育优质耐寒壮苗

(一) 合理安排育苗时间

采用秋、冬两茬栽培，春季进行瓜果蔬菜生产的，一般春茬生产应在2月初进行定植。为做到适期播种，适时定植，春茬进行黄瓜生产的，育苗时间应在12月下旬开始，苗龄掌握在35天左右，春茬生产番茄的，育苗时间应在11月上中旬开始，苗龄掌握在90天左右。各地可根据冬茬不同种植作物的生育期，合理安排拉秧时间和育苗时间。

(二) 培育优质耐寒壮苗

为培育优质壮苗，应采用穴盘或营养钵护根育苗，营养基质应疏松、营养充足。果菜播种后，出苗期温度应达到25~28℃，促其快速出芽。苗期控温不控水，适当施用壮苗剂。冬春育苗需在定植前7~10天采用夜间6~8℃、白天20~22℃低温炼苗，增强定植后的适应能力，提高成活率。

七、灾害性天气预防与应对

冬季容易发生大风、大雪、低温寡照等灾害性天气，要注意收听收看天气预报，对气候变化早做准备。针对不同天气类

型，加强预防和管理。

（一）以灾害性低温天气发生时间先后应对措施如下

1. 初期

在连续低温天气的初期或遭遇短时间的变温天气时，可人为提高黄瓜抗逆性能。低温来临前，可叶面喷施0.5%的葡萄糖（或白糖）溶液，也可喷0.2%～0.3%的磷酸二氢钾溶液，还可以二者混合喷施，同时，棚内温度应控制在比晴天稍低一些，进行偏低温管理。

2. 低温持续时期

低温天气持续两三天后，要注意做好保温增温工作，并注意增加光照，放风排湿。

（1）合理掌握棚内温度。当低温持续下降，气温降至5～6℃或5厘米地温降至8℃以下时，必须采取加温保温措施，可烧火管、烧木炭、进行两层覆盖，晚间加保温幕、外层加盖草苫或保温棉被等，保持棚内地温维持在15℃以上，晚间气温不低于10℃，防止低温冻害。

（2）保证充足光照。草苫要早揭晚盖，雨雪天气更应揭开，增加光照机会和强度。降雪后应及时清除棚上积雪。如果光照不足，可采取人工补光或张挂反光幕等措施。

（3）加强通风换气。棚内气温低、湿度大，影响光合作用，并导致病菌浸染。因此，棚内要加强通风，低温时应勤放小风，可采取放顶风、间断开口的方法，避免大幅降温。

（4）中耕松土。阴雨、雪天气时，要勤中耕松土，促秧保温，也可在畦内覆盖稻草或麦秸，吸收水分，降低棚内湿度，防止土壤板结。

（5）适当控制灌水。低温时，土壤、植株蒸发量相对减少，可减少灌溉量，防止低温沤根。可采取膜下暗灌或滴灌，减少棚内湿度，要防止大水漫灌。

(6) 及时采摘商品瓜。提早采收，使植株自身调整营养，平衡代谢，增强对不良环境抗性，保持正常生长发育。根瓜更应早采。

3. 晴天前期

低温雨、雪天过后，天气逐渐放晴，棚内温度缓慢回升。如果天气突然放晴，在管理中应采取叶面喷水、间隔放苫、进行回苫等措施，防止棚内温度急剧升高而发生“闪苗”现象。也可用25～30℃温水灌根，提高根际活力。一般这样管理持续一两天即可。

（二）以发生灾害天气性质不同，应对措施如下

1. 大风天气

(1) 修复加固棚膜。检查和加固压膜线，修补好损坏的棚膜，及时修补破损之处，防止强风吹入破坏棚膜，降低室温，以防造成更大的破坏。拉紧压膜线，把原有平行的压膜线拉紧、固定拴好。对不能修复的棚膜等，及时清理安装更新。

(2) 加固设施。室内加立顶柱，棚内吊蔓铁丝及绳线一般都挂在屋架上，植株坐果后（特别是番茄、黄瓜等），屋架承重加大，遇风力作用，屋架易变形下凹，尤其是跨度大、后屋面仰角小、过平过短、屋架质量差的日光温室，极易损坏塌陷，在这种温室的屋架中部要加立顶柱，提高抗风抗压承重能力。

(3) 密封风口。要密切关注天气预报，大风到来前关闭温室放风口，防止大风进入温室，造成棚膜损坏，要加密斜拉几道压膜线，以防大风使棚膜闪动造成破坏。下放部分草苫或保温被压在棚膜的中部位置。如果把草苫放到底部，草苫易被大风吹起，起不到压膜防风的作用。

（4）固定草苫。夜间遇到大风，易将草苫吹乱吹散，在外界气温较低时容易使温室内的蔬菜发生冻害。因此，遇到大风的夜间最好在盖好草苫后，扣紧固定绳索，并再斜拉几道绳索，拉紧固定，并把草苫底端用石块等重物压牢，保证草苫紧贴在棚膜上，以防侧风把草苫吹起掀翻。夜间被风吹开的应及时拉回到原来的位置，最好在温室前底脚横盖草苫，再用竹竿或石块压牢。

2. 连阴天气

在冬春季节，常出现持续5～7天以上低温寡照的连阴天气，此时温室蓄热量减少，室内温度低，室内热量得不到及时补充，随着气温、地温下降，植株根系活力下降，加上缺乏光照，蔬菜处于饥饿状态，低温寡照使室内蔬菜光合作用能力下降，进而影响蔬菜正常的生长发育。连阴天对日光温室种植的影响主要表现在温光不足，对室内蔬菜形成胁迫，管理上稍有疏忽，就会造成无法挽回的损失。在连阴天，管理上要以保温、增温和增加光照为主，生产上可采取以下措施：

（1）尽量利用阴天的散射光，只要揭苫后温度不下降就要揭苫。即使外界温度较低，揭开草苫后温度有所下降，也要在中午前后揭开草苫，让植株见0.5～1小时的散射光，或者前揭后盖，以保证植株每天见光。在后立柱前和东西山墙上张挂反光幕，能增加温室中后部光照，改善温室中后部的温光条件，能起到一定的增光、增温作用，提高抗寒能力：每天上午揭苫前和下午盖苫后采用高压钠灯或高瓦白炽灯人工补光1～2小时，以促进植物的光合作用，提高抗性。

（2）降低室内湿度，连阴天温室内应停止浇水追肥。以免造成作物沤根，加重病害发生。通风排湿不可太猛，应缓慢通风，防止冷风吹进棚内，造成植株萎蔫。有限放风，降低室内湿度，阴、雪、雾天温室内湿度大蔬菜极易发生病害，在温室内温度不低于6℃的条件下，要适当放风排湿，根据外界气温情况，条件允许可在12时到14时短时间开小缝放风，每次5~10分钟，放2~3次，以降低室内湿度。在蔬菜疫病、灰霉病等病害的发生、蔓延时，喷施水剂易增加温室内湿度，因此防病治病应选用烟雾剂或粉尘剂。

(3) 增强植株抗逆能力，健株保秧。在连阴天到来之前，应提早采摘瓜果，减少植株营养消耗，有利于保护叶片和幼瓜，使养分向根系回流，促进根系生长，增强植株抵御不良环境的能力。

(4) 发生冷害或冻害后要及时补救。可采取喷水，剪除受冻组织，叶面喷肥，防病治虫等措施，尽快恢复植株正常生长。长时间的低温寡照，叶片易发生皱缩现象，是因为营养供应不足造成的，不要误认为是病毒病而反复用药。

3. 强寒潮降温

强寒潮降温天气常使气温急剧下降到-10℃以下。在晴天的情况下，即使连续1~2天不揭开覆盖物，因温室内蓄热量较多，蔬菜一般不会受冻。但如果连续阴天后再遇寒流强降温，则因此时温室蓄热量已经较少，室温会降到作物适宜温度以下，对于日光温室中种植的不耐寒蔬菜如黄瓜、番茄、辣椒、茄子等遭受冷害、冻害并导致植株枯萎死亡。当气温下降，达到室内蔬菜受害指标即会出现冷害，冷害症状在蔬菜上的表现为叶片、茎蔓有水渍状润斑块，叶片反卷或上翘，有不规则浅绿斑或干枯斑症状，同时，出现畸形果、芽枯、根系颜色变褐等现象。冻害是低温条件下作物组织内结冰所致，一旦室内气温低于0℃，即会出现冻害，冻害的表现是植株叶背向上反卷、褪绿变白呈水浸状，出现顶叶黄化、花打顶、落花、落果、畸形果等各种异常症状。生产中常采用以下防御措施：

(1) 优化日光温室建造结构。选用保温建材，气密性好，覆盖无滴膜，优化前屋面角，结构参数合理，适当西偏5°～10°，后墙较厚，具备防寒沟、反光幕等附属设施，增光、保温效果明显优于普通日光温室。

（2）提高日光温室保温能力。堵塞温室墙体破缝，采取多层覆盖保温，在棚膜外加盖草苫，在草苫上加盖防雨雪塑料薄膜，以保持草苫干燥，前屋面底脚一定范围室内增加立膜，室外设置围裙苫，室内加挂保温帘等措施增强保温性能，对于处于苗期和植株矮小的作物，棚内搭小拱棚，也可在床面覆盖草木灰、麦秸或麦糠，以阻止土壤中热量向空间散发，提高地温。

（3）大温差培育适龄壮苗。在种子萌动时进行低温处理，培育适龄壮苗，能显著提高植株的抗寒性。

（4）松土、增施有机肥。松土可提高土壤温度，促进发根，在温室内开沟覆盖碎麦草或腐熟有机肥，可增加土壤有机质，提高土壤通透性，从而使植株根系强，长势壮，提高植株的抗逆性，增强对灾害性天气的抵抗力。

（5）适当辅助加温。如果极端低温出现时间长，室内温度持续下降，就要及时补充热量，以确保植株不受寒害，人工补充热量，可利用火炉、电炉子、电暖气、热风炉、浴霸灯、电钨灯等辅助设备增温，确保室内夜间气温不低于6℃，补温须掌握不能使室内温度上升过快。

（6）喷水补救。对已遭受到不同程度的冷害或冻害的蔬菜，在晴天揭苫前，可先在叶面上喷施清水，缓慢升温，逐步缓解冷害和冻害症状。

4. 大（暴）雪天气

其对日光温室的影响主要是雪压超过日光温室的负荷，将日光温室压塌。另外，积雪融化的水分渗入草苫降低了草苫的保温效果，给日光温室管理作业带来不便。生产上应采取以下措施。

（1）加固。使用时间较长，或采用简易设施的大中棚要用钢管、木材或竹材进行内外加固，对覆盖的尼龙膜也要进行检查加固，以防止倒棚和大风揭膜。对一些跨度大、立柱少、骨架牢固性差的棚室要及时增加立柱。

（2）及时扫雪。白天下雪时不必盖草苫，雪停后立即扫去棚上积雪，下午提前盖苫，再在草苫上盖一层薄膜以加强保温。夜间降雪，雪停后也要及时扫雪，防止降雪融化，及时晾晒草苫，保证覆盖物干燥，减轻湿草苫对温室的压力，提高草苫保温效果。如果天气预报夜间有大（暴）雪，简易型日光温室要在下雪时揭苫，雪后及时清扫棚面上雪，牺牲室内温度换取温室安全。

（3）保温及加温。夜间放晴，天空没有云层覆盖，地面热量大量向外辐射散失急速降温，室内温度随外界气温的下降而快速降低，甚至会出现接近或低于0℃的低温，使植株出现冷害甚至冻害，要增加覆盖层数减少热量散失，必要时采取临时加温措施。冬季进行喜温果菜生产，当温室内最低温度低于8℃时，应根据作物高矮，加盖小棚或二道幕，进行多层覆盖保温或采取临时加温、熏蒸、地面铺盖秸秆等措施，提高保护地设施内的温度。

（4）喷洒植物生长调节剂、糖醋液等。可增强植物的抗逆性，提高蔬菜作物的抗寒能力，有效缓解冻害。

5. 久阴骤晴天气

久阴骤晴天气光、温变幅大，天气骤晴，揭苫后如果处理不当，室内蔬菜很难适应强光照射和温度急剧上升，极易造成植株叶片急速生理失水而萎蔫甚至死亡。久阴天晴后应采取以下管理措施。

（1）骤晴后白天不能将草苫等覆盖物一次全部揭开，应采取“早晚见弱光，中午遮强光”的措施，使植株在较低的温度下逐步适应光照条件，使蔬菜叶片气孔和水孔收缩或关闭，要由少到多，反复交替揭盖草苫，防止闪苗。草苫揭开后，一旦发现植株打蔫，就要相间放下一部分草苫，待植株恢复后再将草苫揭开。当植株再度出现萎蔫时，立即把上次没有放下过的草苫放下。如此反复，交替晒热地面，直到全部揭苫后室内蔬菜不再发生萎蔫为止。处理时间长短，取决于连阴天持续时间及室内蔬菜生长状况，一般连阴 2 ~ 3 天，处理 1 天基本可以恢复；连阴 5 ~ 6 天时，需要处理 2 ~ 3 天；连阴十几天，需要处理 5 ~ 6 天以上，待植株适应后再转入正常揭盖苫管理。

（2）在植株上喷洒清水或营养液。揭苫后若发现植株有萎蔫情况，可向叶面喷洒与室温相同的清水或营养液（尿素 300 倍液、磷酸二氢钾 500 倍液混合液），具有降低植株体温，减少植株蒸腾，补充营养作用，喷清水可视情况多次进行。

（3）秧苗出现花打顶现象时，要及时疏去幼果和雌花，及时采收成熟果和未成熟果，并追施速效氮肥、适量浇水以促进养分向营养生长部位转移，恢复茎叶的正常生长。

6. 高温热害天气

因通风不及时使棚室温度过高，超出了蔬菜正常生长发育的要求，蔬菜体内生物酶活性降低，导致生理机能障碍，生产上应采取以下措施。

（1）根据天气状况，适当调节放风口大小，每日适时放风。当放风降温效果不理想或不能采用放风降温时，采用遮阳降温的方法，可在棚膜上覆盖草苫或遮阳网，降温效果可达 4 ~ 6℃。

（2）往植株上适量喷水，以提高土壤中含水量和增加空气相对湿度。以水降温，适时灌水可以改善田间小气候条件，使气温降低1~3℃，从而避免高温对花器和光合器官的直接损害，减轻高温危害。

(3) 叶面喷肥。用磷酸二氢钾溶液、过磷酸钙等溶液连续多次进行叶面喷施。这样既有利于降温增湿，又能够补充蔬菜生长发育必需的水分及营养，可提高植株的抗热性，增强抗裂果、抗日灼的能力。但喷洒时必须适当降低喷洒浓度，增加用水量。

(4) 改进栽培管理方式。合理密植，使茎叶相互遮阴。

八、受灾以后管理

(一) 加强露地受冻蔬菜管理，合理采收受灾蔬菜

对于露地栽培的蔬菜，灾后要及时采收。对于已结冻的成熟蔬菜收获后，不可急于融化，要使其缓慢解冻，尚可保持一定的商品价值。对于尚未到收获期的蔬菜，要加强田间植株管理，如摘除病叶、烂叶，整枝、施肥，注意防病等。逐步使其恢复生长，减少损失。对于冻死的蔬菜，要及时拔除。收获有一定商品价值的蔬菜，减少损失，采收后的土地重新考虑种植其他应急蔬菜。对于冻死的果类或瓜类蔬菜秧苗，要及时抢晴天补播，并采取积极的保温措施，尽量缩短苗龄，以便提早移栽。

(二) 及时除雪，加固保护地设施

为了降低成本，大多数农民因陋就简，使用竹木等简易材料建造大棚或温室，由于支撑力差，雪灾中损失也大。要及时清除棚面积雪，减轻棚体压力，增加棚内光照强度。利用钢丝增加临时支持物等方法加固棚体强度。

(三) 提高保护设施的保温能力

目前保护地主要种植的是果菜类作物，以及进行露地果菜

类育苗，受低温影响较大。建议通过棚内覆盖薄膜、临时生火炉、熏烟等办法保证温度。电力充足地区可以增加电力补光措施。只要有太阳就要及时打开草帘。在中午温度允许情况下，尽量通风降低湿度。

（四）进行芽苗菜生产

在受灾严重、交通运输一时难以恢复、蔬菜市场供应紧张的城市，在灾害性天气结束后，附近农户可以进行多种的芽苗菜生产和速生的叶菜类蔬菜作物。抓紧播种生长较快的叶菜类如菜心、小白菜、菠菜、茼蒿，或生产一批快速的芽苗菜如豌豆苗、萝卜苗。

（五）加强生产管理

黄瓜、番茄、辣椒等果菜类作物，可以通过加强管理，增加后期产量，延迟拉秧 20 天到 1 个月的时间，增加对市场的供应，缓解市场供应的紧张。

（六）进行补救

对于处于育苗阶段的瓜、茄果、豆类，如已冻死，则考虑重新补播，土壤或育苗床（土）要用药剂消毒。对于受到冻害的，则要加强苗期管理，采用如下办法。

①喷施叶面肥。

②用安克、扑海因喷洒防病。

③育苗拱棚要注意通风，晚上封闭，白天温度稍高时要打开两边通风，以防低温高湿诱发各种病害。

④有条件的可提高育苗棚的保温能力，进行补光和生火炉增温。

⑤及时疏通沟渠，尽快排除积水，设法降低地下水位。

⑥趁晴天进行中耕松土，以促进根系生长。

第二节　温室大棚蔬菜病虫草害综合防治技术

（一）配套栽培技术

1. 品种选择

选用优质、抗病、抗逆性强、耐重茬的品种。如西瓜选用郑杂系列、京欣系列等，番茄选用毛粉802等，黄瓜选用密刺类等进行生产。

2. 采用营养钵或穴盘育苗

配制无病虫培养土，育苗、栽培分开进行，减少土传病害发生。

3. 推广嫁接换根技术，选择合理砧木，增强抗性

嫁接可以提高耐寒性，克服连作障碍，预防土传病害侵害，同时提高产量。如西瓜选用葫芦、瓠瓜（超丰F1、南砧1号、8848、豫砧－60A等）。嫁接可抗枯萎病，黄瓜用黑子南瓜嫁接可抗寒增产，番茄、茄子用托鲁巴姆、超托鲁巴姆、刺茄、赤茄等嫁接抗黄萎病枯萎病、青枯病、线虫病等。

4. 起垄栽培

蔬菜生产中，根据品种尽可能采用深沟高畦、高垄栽培，做到能灌能排，雨过地干无积水。

5. 间作套种、合理轮作

间作、轮作能充分利用空间，消耗土壤中各种和各层营养元素，提高单位面积产量、产值，并减少病虫害的滋生和积累。

（1）不同科作物间作可通风，降湿。如高秆与低秆、直立与攀缘等间作。

(2) 需氮、磷、钾不同的蔬菜间作、轮作可均衡营养，避免浪费。如深根与浅根、叶菜类与瓜类、茄果类、豆类等轮作。

(3) 与具有驱避病虫草作用的作物轮作、间作。如果园间作大葱可驱虫，间作苜蓿可增加天敌，同时作饲料、绿肥；黄瓜、西瓜轮作芦笋、大葱、大蒜，或与万寿菊轮作或间作，能减少线虫病发生；瓜类与薄荷轮作，枯萎病基本不发生；丝瓜与茄子、苋菜与豇豆间作可减少红蜘蛛和蚜虫。

6. 低温炼苗

定植前炼苗可增强植株抗性，利于定植和缓苗。

7. 覆盖地膜，膜下灌水

棚室生产在畦内铺稻草等保墒保温，采用地面滴灌或地下渗灌技术，可减少大水漫灌次数，做到心土润，表土干，降低棚内湿度，减少病原菌侵染和传播；使用黑色、黑白双色膜同时也能防除杂草。

8. 防止交叉感染

整枝打杈、绑蔓等应先进行健株再病株，防止病虫害传播扩散，尤其是番茄、葫芦等，在去除病叶、花、果时，更应及时深埋或销毁。

9. 加强通风透光

合理密度定植，及时打除下部老黄叶片，适时擦洗棚膜，棚室或果园张挂、铺反光幕（膜）等，改善光照条件，加强通风透气。

10. 适时定植

合理栽培模式和季节，可增加植株抗性，获得高产。如西葫芦在9月中旬前定植，病毒病发生率高达100%；在9月中下旬定植，病毒病发生率在80%~100%；9月下旬至10月中旬定植，病毒病发病率逐渐下降；10月中旬以后定植，基本无病毒病危害。

（二）施肥技术

（1）禁止施用城市粪肥水、城市垃圾、污泥、工业废渣及未腐熟有机肥。

（2）进行测土配方施肥，少施氮肥（叶菜类可叶面喷施尿素，禁止施用硝态氮肥）。

（3）少施化肥，多施有机肥，推广施用农家肥、专用肥、微生物肥料等。

①农家有机肥。包括高温堆肥、酵素菌堆肥、沼气发酵等有机肥（蔬菜、果园的残枝败叶，尤其是病叶、病果等，不能作堆肥，应集中深埋或烧毁）。

②饼肥。豆饼、花生饼、菜籽饼、芝麻饼等，可作追肥、基肥、叶面喷施。施用饼肥可提高生产产品品质，尤其是西瓜，可明显提高糖度，但施用前必须发酵（充分粉碎，密闭沤制，防止肥水渗漏挥发和蝇蛆进入）。

③有机颗粒肥。鸡粪、饼肥等合理配制、发酵、晾干、粉碎、压制后，作复合肥、专用肥。

（三）消毒技术

1. 种子（种苗）消毒

消毒能有效杀死种子、鳞茎类表面与内部潜在的致病菌。

（1）温汤浸种。要求温度不能损伤种子生命力，又能杀死病原菌，其中种子处于休眠状态，抗热力较强，种苗、鳞茎要求温度低。如豆科、伞形花科、十字花科种子可进行45～50℃浸种，茄果类、瓜类可在50～55℃浸种，个别瓜类如西瓜、南瓜、黑子南瓜等可在60～70℃浸种，鳞茎类如洋葱、大葱等鳞茎进行45℃浸根可防霜霉病、黑斑病、大葱紫斑病。

（2）阳光下暴晒种子。播种前将种子在草席或木板上晒种1~2天。

（3）采用10%磷酸三钠浸泡。一般浸泡20~30分钟。

（4）采用0.2%~0.3%高锰酸钾液浸种。一般浸泡15~20分钟。

（5）其他方法。催芽种子（如茄果类）个别露芽时，湿布包裹，放入-2℃左右冰箱内冷冻24小时，再化冻播种，提高抗性；生姜可用草木灰水（4：1）浸泡20分钟后播种，防止腐烂病。

2. 床土消毒

如采用甲醛每平方米60毫升喷施育苗床；采用50%多菌灵拌土撒施，每平方米用药8克左右。

3. 棚室消毒

可采用多菌灵、百菌清烟雾剂熏蒸，或80%敌敌畏250克拌锯末加入硫黄粉每平方米1~2千克熏蒸。

4. 土壤消毒

如夏季空闲时覆盖地膜进行高温消毒；或夏季用麦秸、稻草加生石灰后，翻地覆盖地膜，灌水，进行土壤消毒。

（四）减少病原菌和虫口、杂草基数的措施

1. 清洁田园等

采收后，清除残枝败叶、落花落果；果园可刮树皮、树干涂白灰；或在幼虫越冬前（果实采收前1个月），草绳束干，待害虫爬入后销毁；蔬菜生产在发病初期，清除发病叶片、果实、植株。

2. 深翻晒土、深耕冻垡

夏季深翻晒土（对土壤寄居菌类型特别有效），冬季深耕冻垡（对越冬休眠体效果较好），抑制和消灭病虫害发生和繁殖。如十字花科软腐病菌，常温下干燥2分钟死亡；十字花科菌核病菌核，埋入土中10厘米，第二年即死亡。

3. 二次灭草

杂草严重地块，种植栽培前提前浇水，促使杂草萌发，再次耕耙、灭茬。

（五）其他方法防治病虫害技术

（1）设施内高温闷棚，进行变温管理等防治霜霉病、灰霉病，增强抗性。

（2）设施内二氧化碳施肥，可增强抗性，增加产量。

（3）栽植防护林。生产基地四周种植灌木、高大乔木等形成防护林带，阻挡病虫杂草迁飞传播。

（六）物理防治技术

1. 灯光、色彩、气味等驱避和诱杀

（1）灯光诱杀。包括黑光灯、高压汞灯、双波灯等。如十字花科菜田，每平方米放置1盏黑光灯，防治菜蛾、甜菜夜蛾、斜纹夜蛾等，效果较好；选用频振式杀虫灯（如河南省汤阴佳多牌等），灯外装有频振高压电网进行触杀，一般每公顷1盏。

（2）色彩驱避和诱杀。如橙黄板（涂药、机油、胶）诱杀蚜虫、白粉虱、斑潜蝇等，放置密度与蔬菜种类、密度、虫类、数量、黄板面积有关，一般每30～50平方米一盏；其他蓝、橙、白、黑板诱杀蓟马等；铺银灰色膜或棚内挂银灰色反光膜、用银灰色草绳做吊绳等，可驱避蚜虫。

（3）气味诱杀。气味诱杀兼生物、生态防治。如性诱剂诱杀，小菜蛾性诱剂，在4～11月进行，每3公顷可放置一个；糖醋液诱杀，糖醋液（糖6：醋3：酒1：敌百虫1：水

10）可诱杀小地老虎、斜纹夜蛾、种蝇等，每平方米3盆，白天盖晚上揭。

（4）菜叶诱杀。早春栽培茄果类蔬菜或马铃薯等，可在傍晚撒鲜菜叶引诱地老虎，第二天清晨收集销毁。

2. 人工或机械捕捉、阻隔

如采用机动喷雾器喷番茄茎基部，可提高坐果率，减少灰霉病发生；在菜田，可人工捕捉害虫等。

3. 防虫网、遮阳网、特种膜等

如采用防虫网生产可防虫，减少用药（运用20～30目白色或银灰色防虫网进行蔬菜生产，能阻止斑潜蝇、蚜虫、蛾类等进入，但使用前应进行田园清洁和土壤消毒）；采用遮阳网可防病毒病；喷施高脂膜能防病、抗旱、高产。

4. 臭氧发生器、电子除雾装置等

棚室配置臭氧发生器或运用臭氧水浇地可防猝倒、立枯、枯萎、线虫等；棚室采用静电除雾装置可降低湿度，减少发病；采用电灭菌装置可产生臭氧、二氧化碳，增强抗逆能力。

5. 电活化水

采用电活化水灭虫，防治斑潜蝇、白粉虱、蚜、螨类。

（七）生物防治技术

1. 改善和创造环境，促进天敌昆虫繁殖

人工繁殖和释放天敌昆虫。天敌昆虫主要包括寄生蜂类、瓢虫、草岭、蝽类等。如姬小蜂防治斑潜蝇，赤眼蜂防治鳞翅目害虫（小地老虎、甘蓝夜蛾等，在大面积产卵期释放），丽蚜小蜂防治白粉虱，瓢虫防治蚜虫、介壳虫、粉虱等，蝽类防治蚜虫、蓟马、叶螨、粉虱等。

2. 性诱剂或信息素诱杀

主要指用来调节生长、干扰交配或引诱等特殊作用的天然化合物，或是人工合成的化合物（也可作为生物源性农药的一类），包括信息素（外激素、利己素、利他素）、激素（天然植物生长调节剂、昆虫生长调节剂）、酶等。

3. *矿物源性农药*

如波尔多液、硫悬浮剂等，用来防治白粉病、红蝴蛛等。

4. *生物源农药*

生物农药是指商业化的（除微生物农药以外）具有防治病、虫、草等有害生物的生物活体。有的生物农药抗生素、植物源农药，如井冈霉素、阿维菌素、除虫菊素、鱼藤酮、烟碱等，都有明确的化学结构和化学分子式，或化学物质在起作用，而非生物体，在本质上仍然属于化学物质，因此通称为“生物源农药生物源”。

农药分为4大类，即微生物源农药、植物农药或转基因植物农药、动物源农药和生物化学农药。

（1）微生物源农药。指以生物、微生物（如细菌、菌类、病毒或原生动物）为活性成分的农药。目前应用最广泛的微生物源农药是Bt乳剂。其中，Btk应用最多，用于防治鳞翅目害虫，用其300～500倍液防治蔬菜青虫、小菜蛾等方面，防治效果达95%以上；而Bti对双翅目幼龄害虫防效好。

在生产中还可有限度地施用抗生素。如农抗120、农抗109防治瓜类白粉、枯萎、炭疽等；多氧霉素（多抗霉素）防治蔬菜霜霉病、白粉病、枯萎病，果树灰斑病、轮纹病，梨黑星病，葡萄、草莓灰霉病等；井冈霉素防治苹果、梨轮纹病、桃褐斑病，蔬菜炭疽病、霜霉病；农用链霉素防治黄瓜角斑病、软腐病、溃疡病、青枯病等；其他抗生素还有宁南霉素、浏阳霉素（防治螨类）、华光霉素（防治螨类）、春雷霉素等。

还可使用其他真菌（有白僵菌、绿僵菌、红僵菌、拟青霉、虫霉）、病毒、细菌等。如木霉菌用于防治蔬菜灰霉病，效果较好，还可防治果树白绢病、苹果轮纹病等；白僵菌对鞘翅目害虫有独特的防治效果，主要防治玉米螟、蛴螬、叶蝉、天牛、桃小食心虫，同时防治介壳虫、白粉虱、蚜虫、蓟马等。在生产中防治菜青虫有一个较简便的方法，就是收集菜青虫的白僵、绿僵，粉碎后稀释喷施，或将菜青虫活体捣碎浸泡、腐烂后稀释500倍液喷施。

（2）植物源性制剂。指直接从植物中提取或将基因植入植物体内的农药。目前已研制开发许多种类，如苦参碱：用来防治菜青虫、蚜虫、28星瓢虫、韭蛆（粉剂），可使害虫产生拒食、胃毒作用，抑制生殖；印楝素（苦楝素、川楝素）：用来防治小菜蛾、甜菜夜蛾、甘蓝夜蛾、菜粉蝶、跳甲等，类似昆虫生长调节剂的效果，使昆虫拒食、不化蛹、不蜕皮，直至死亡。其中，0.3%的印楝素乳油1 000倍液与2 000倍液阿维菌素防治小菜蛾效果相当，用来防治黄条跳甲可比氯氰菊酯效果更好。而印楝素杀菌剂也可防治某些真菌、细菌、病毒，如早疫、晚疫、炭疽、霜霉、白粉等。其他植物源农药还有茼蒿素、烟碱、鱼藤制剂、辣椒碱等制剂。

（3）动物源农药。动物源农药目前只有沙蚕毒改造较为成功，生产中基本为仿生改造，但活性大为提高。如杀螟丹、杀虫双（单）等对菜青虫、小菜蛾应用较好。

（4）生物化学农药。是以非毒性机制控制害虫的天然源物质，包括信息素、激素、植物生长调节剂、排斥剂及酶。可以用来控制害虫的交配、信息交流等。

5. 其他

在生产中还可运用许多较为简便的方法来防治病虫害，也可达到理想效果。如用草木灰浸液喷施可防黄守瓜、财虫；撒施草木灰可防葱、蒜、韭菜等种蛆；用兔子粪发酵后稀释液浇菜，可防地老虎；用大蒜汁、辣椒汁1 000倍滤液防治蚜虫、菜青虫、红蜘蛛等；用200～300倍液食醋液防治花木黑斑病、褐斑病等。

（八）化学防治技术

采用化学防治，应以预防为主，加强田间调查，随时掌握病虫害发生动态，适时防治，应选择高效低毒低残留农药，优先选用粉尘剂、烟雾剂，尽可能少用化学农药，严禁使用剧毒高残留农药、致畸（癌）农药，要按照规定的使用方法（浓度、用量、剂型、安全间隔期等）正确使用农药。

第六章　设施蔬菜的加工及配送

第一节　园艺产品的采收

一、采收期的确定

采收期往往通过成熟度来判断。一般而言，判断适宜采收园艺产品成熟度的方法主要有以下几种。

（一）果梗脱离的难易度

大多数种类的果实（仁果类、核果类）在成熟时果柄与果枝间常产生离层，一经震动，即可脱离，此类果实的离层形成时为品质最好的成熟度，应及时采收（若不及时采收就会造成大量落果）。

（二）表面色泽

在果实成熟时，园艺产品的表面色泽都会显示出其特有的颜色。因此，园艺产品的颜色可作为判断其成熟度的重要标志之一，此法直接、简单，易掌握。果实成熟前含有大量的叶绿素，多为绿色，随着成熟度的提高，叶绿素逐渐分解，底色便呈现出来，如类胡萝卜素、花青素等。例如，甜橙含有胡萝卜素，血橙含有花青素，红橘含有红橘素和黄酮；苹果、桃等的红色为花青素。长途运销的番茄应在果实绿熟期采收，就地上市的应在粉红色时采收，即刻加工的应在全红果时采收，而罐藏制酱时，就应选用充分成熟的深红色果。

（三）硬度

果实的硬度又称为坚实度，是指果肉抗压力的强弱。抗压力越强，果实硬度越大，反之，抗压力越弱，则果实硬度越小。果实随着成熟度的提高，原来不能溶解的原果胶逐渐分解成为可溶解的果胶或果胶酸，果实的硬度随之变小。可据此作为采收依据。不同果实采收时对硬度的要求不同。如辽宁的国光苹果采收时，一般硬度为 17 千克/平方厘米左右；烟台的青香蕉苹果采收时，一般为 16 千克/平方厘米左右；四川金冠苹果采收时，一般为 13. 6 千克/平方厘米左右。

（四）主要化学物质的含量

果实中的主要化学物质有淀粉、糖、酸、总可溶性固形物和维生素 C 等。总可溶性固形物中主要是糖分，还包含有其他可溶性固形物，因它能表示其品质，这些物质含量的变化与成熟度有关，又加之有专用而方便的测定仪器，所以，在生产上和科学实验中，常以总可溶性固形物的高低来判定成熟度或以可溶性固形物与总酸之比来衡量品种的质量，要求糖酸比达到一定的比值时才进行采收。

（五）生长期和生长状态

不同品种的果蔬，从开花期到果实成熟都有一定的生长期，可根据当地的气候条件和多年的经验确定不同品种果蔬的适宜采收的平均生长期。如济南的元帅系苹果生长期为 145 天左右，青香蕉苹果 150 天，国光苹果 160 天。北京露地春栽番茄，约 4 月 20 日定植，6 月下旬采收；大白菜立秋前播种，立冬前采收。

（六）生长状态

以鳞茎、块茎为产品的蔬菜，如大蒜、洋葱、芋头、马铃薯、鲜姜等，应在地上部枯黄时采收；香石竹切花剪切为外瓣与皾筒垂直时；而菊花、月季、唐菖蒲、鸢尾、金鱼草等的大部分品种都在紧蕾期采切；大丽花、热带兰应在花朵充分开放时采切；月季一些红色或粉色的品种以萼片反卷、有1~2片花瓣展开时采切，黄色品种比红色的略早采切，白色的比红色的略晚采切为宜。

在判断园艺产品成熟度时，不能单纯依靠上述方法中的一个，应根据其特性综合考虑各种因素，抓住主要方面，判断其最佳的采收期。

二、采收方法

采收方法可分为人工采收和机械采收。

(一) 人工采收

目前，人工采收仍是世界上很多地区常用的方法，也是我国园艺产品采收的主要方法。

用手摘、采、拔，用采果剪剪，用刀割、切，用锹、镢挖等方法都是人工采收的方法。人工采收的优点如下。

①损伤少。

②可根据不同产品的成熟度状态，选择最适状态，分期、分批进行。

③使产品保持最佳状态，如苹果带梗、黄瓜带花、草莓带萼片等。

其缺点主要表现如下。

①需劳动力多，成本高。

②速度慢，常常不能在短时间内完成，使一些产品过了最佳采收期。

1. 果品的采收

仁果类、核果类果实的果梗与果枝间产生离层，采收时用手掌将果实向上一托即可自然脱落。采时注意防止折断果梗或果柄脱落，因无果柄的果实，不仅果品等级下降，而且也不耐贮藏。柑橘类果实可用特制的圆头的专用采果剪，果柄与果枝结合较牢固的种类如葡萄等，可用采果剪采收。板栗、核桃等干果，可用竹木竿由内沿外顺枝打落，然后拾捡。果树采收时应按先下后上、先外后内的顺序采收，以免碰落其他果实，减少人为的机械损伤。为了保持产品的品质，采收过程中一定要尽量使产品完整无损，应防止一切机械伤害，如指甲伤、碰伤、擦伤和压伤等，采收过程中要轻拿轻放，果筐或果箱内部垫塑料编织布或麻袋片等软物，同时应尽量减少转换筐的次数，以减少不必要的损伤。产品有了伤口，微生物很容易侵入，促进呼吸作用，降低耐贮性。果树采收时还要防止折断果枝、碰掉花芽和叶芽，以免影响次年产量。

2. 蔬菜的采收

地下根茎菜类的采收可用锹或锄挖，有时也用犁翻，但要深挖，否则会伤及块根，如胡萝卜、萝卜、马铃薯、芋头、山药、大蒜、洋葱等。马铃薯采收时希望块茎的水分含量低些，应在挖掘前将枝叶割去或在挖后堆晾块茎。山药的块根较细长，采收时要小心，以免折断。有些蔬菜用刀割，如甘蓝、大白菜收割时留 2～3 片叶作为衬垫，而菜豆、豌豆、黄瓜和番茄等用手采摘。

3. 花卉的采收

切花采收时刀口要锋利，避免压破茎部，否则会引起汁液渗出，招致微生物侵染和花茎的阻塞。切口最好为斜面，以增加花茎吸水面积，这对只能通过切口吸水的木质茎类切花尤为重要。花枝长度是质量等级的指标之一，切割花茎的部位应尽可能地留长些。但是，对于花茎基部木质化程度高的木本切花，切割过低会导致茎部吸水能力下降而缩短切花寿命。因此，切割的部位应选择靠近基部而花茎木质化程度适宜的地方。对一些易在切口处流出汁液并在切口凝固，影响茎端水分吸收的种类如一品红、罂粟等，采收后应立即将茎端插入85～90℃热水中浸渍数秒钟，以消除这种不利影响。切花采切后应在24小时内尽快进行脉冲液预处理和预冷，适当包装后置于冷库之中，防止水分过多丧失。对于那些对乙烯敏感的切花，可在田间先置于清水中，运至分级包装厂后再预处理。

4. 采收注意事项

采收时应注意要在晴天，露水干了以后采收，以早上为好。阴雨、大雾、露水未干、天气过热、中午等时段不宜采收。采前不宜大量灌水，保证采收后果温低不带水分即可。

（二）机械采收

机械采收是利用机械来采收园艺产品。机械采收一般适合于果实成熟时易脱落或地下根茎类，以及一些用于加工的果实类。机械采收的特点是可以节省劳动力，可以自动分级、包装、提高采收率，降低生产成本。但机械采收后果实耐贮性较差，成熟度不一致的品种不适宜机械采收。机械采收是今后农业发展的方向。

一般机械采收主要有振动法、台式机械和地面拾取机械。

1. 振动法

此法适用于加工果品的采收，因易造成创伤，不适用于鲜销果。具体方法是用一个机械夹两个主树干，用振动器振动，其下面有收集架，将振动脱落的果子接住，并集中到箱子中。不同的果实振动器的速率频率不同。一般大果形水果，用慢性振动器，如苹果的振幅为3.89厘米，频率为400转/分钟；采小果形的樱桃，振幅为3.81厘米，频率为1 200转/分钟。对于有的果实，为了便于机械采收，可使用乙烯利等化学物质，促使果柄松动，然后再振动采收。

2. 台式机械

这种用于人工采收的提助机械，用于鲜果采收，是人站在机械的平台上，机械升降使人接近果实，能显著降低劳动强度和提高工作效率。

3. 地面拾取机械

用机械将振落于地面的果实拾起，适用于核桃、板栗、巴旦杏、榛子等坚果类的采收。这种机械包括两个滚筒，前面的一个滚筒离地面较高，在1.7～2.54厘米处顺时针转动，后面的一个滚筒离地面较近，一般在0.64～1.77厘米，反时针转动，两个滚筒同时转动，将果子拾到机器的收集器里，这种方法适用于树下为平坦地者。收集前要将地面的树枝、落叶、石块等杂物清除。

为了便于机械采收，现在广泛研究用化学物质（如乙烯利）促使果柄产生离层，然后振动使果实脱落。如在一些枣和橄榄产区试用乙烯利催落采收，效果良好。在采收前5～7天，枣树喷布一次200～300毫克/升乙烯利水溶液，橄榄喷布一次800～1 000毫克/升乙烯利水溶液。喷药后3～7天，果柄离层细胞逐渐解体，因而轻轻摇晃树枝，果实即能全部脱落，可大大提高采收工效，减轻劳动强度，并可以使枣果实的可溶性固形物提高1%～3%。

第二节　园艺产品的采后商品化处理

园艺产品采后必须经过分级、预冷、化学药剂处理、包装等商品化过程。

一、分级

进行园艺产品的分级，先要了解分级的目的、标准和方法。

（一）分级的目的

分级是使果品商品化、标准化的重要手段，是根据果品的大小、重量、色泽、形状、成熟度、新鲜度和病虫害、机械伤等商品性状，按照国家标准或其他的标准进行严格挑选、分级，并根据不同的果实进行相应的处理。各种园艺产品在生长发育过程中受多种因素的影响。如同一植株甚至同一枝条的果实，在其大小、形状、品质上不可能完全一样。只有通过分级，才能按级定价，同时等级分明，规格一致，便于包装、贮藏、运输和销售，也才能实行优级优价，充分发挥产品的经济价值，以推动果树栽培管理技术的发展和提高果品质量。在分级的同时，去除病虫害果和机械伤果，以减少在贮运期中的损失，减轻一些危险病虫害的传播。园艺产品的标准化，是生产、贸易和销售三者之间互相关联的纽带，是非常重要的工作。

（二）分级标准

不同国家和地区都有各自不同的标准。如苹果的标准，美国按色泽、大小分为超级、特级、商业级、商业烹饪级和等外级；日本分为优、秀、中、等外；我国的标准按果形、色泽、硬度、果梗、果锈、果面缺陷等方面分级，按果实最大横径分为优等、一等、二等 3 个等级。其中，优等品的果径大型果≥70 毫米，中型果≥65 毫米，小型果≥60 毫米。我国当年苹果出口标准主要按果形、色泽、果横径、成熟度、缺陷、损伤等分为 AAA 级、AA 级和 A 级 3 个等级（主要参考国际标准）。此外，部分省区（如山东省、陕西省等苹果主产区）也制定了鲜苹果地方标准。

蔬菜的分级是其长途运输的基础，有益增进购买方的信任。其作用如下。

①完全清除了不满意的部分，清除了在包装后的环境下病害蔓延快的后患。

②消除了大小、外观缺陷造成的不整齐现象，等级分明，不必再翻动挑拣，避免造成损伤。

③质优价高，增加商品价值。

④促进销售。

花卉分级可阻止市场中品质低劣产品进入，使花卉产品标准化、统一化，从而使市场体系规范化，使消费者获得满意的商品，种植者获得较高的收益。

（三）分级的方法

果品的分级一般有两种方法：一是人工分级，一般在小型的包装厂或农家果园，大多以手工分级，还有些易腐水果如樱桃等也用人工分级。二是利用分级机，这种分级的主要部件有输送带、分离滚轴、载果机。有的机器上是有孔输送带或链条筛带，其上有不同大小的洞。以便果实自洞处落下，所有这些设备对球形或扁圆形果实均可进行操作。利用这些设备时大都是先将最小的果实选起，而后逐渐将较大的果实选走。也有的机械是在成对的滚轴上面带走果实，先将最大的果实移走，而后逐渐移走最小的果实。果实移走后落在交叉的输送带上运至包装线。

蔬菜的分级也是两种方法：一是人工分级，即由人员操作，分级人员熟悉标准内容，操作熟练，并持专用的分级板、比色卡等工具，常与包装同时进行。此法产品损伤率小，但效率低，误差大。二是机械分级，20 世纪 50 ~ 60 年代的分级机械分选项目突出，适用于重量、形状等方面进行筛选，70 年代后，研制开发了电、光技术，不仅能从大小、外观，还可根据内在质量进行分选。

而花卉的分级则全部需要依靠人工进行，按照不同花卉的分级标准进行分级。例如，我国现在使用的切花切叶分级标准和盆花分级标准等。

二、预冷

园艺产品的预冷非常重要。

（一）预冷的目的和意义

预冷就是在产品采收之后，运输或贮藏之前，将其带有的大量田间热尽快除去，使产品的体温冷却至较为有利于贮藏、运输的温度。预冷终温因产品的种类、品种而异，一般要求达到或者接近其适宜的贮运温度。

预冷要求尽快降温，要在收获后 24 小时之内达到要求的温度，且降温速度越快越好。因为一般产品在收获时的体温接近环境气温，高温季节可达 30 ℃以上，若不及时预冷会造成诸多危害。

①园艺产品的含水量多在 80% 以上，其比热多为 0.9 左右，因此由田间采收后所含热量高而不易散去，若不及时去除，即使采用低温贮运，也会造成呼吸代谢旺盛，营养成分消耗快。

②温度高，温度大，适宜病菌繁殖侵染，腐烂率大。

③大量的热负荷带入库、车内，在能源的消耗上不经济。

④产品体温与环境温度差异大，蒸腾旺盛，造成湿度不均，在容器顶部易凝结水珠，对贮运不利。

（二）预冷的方式

预冷的方式有空气冷却、水冷却、真空冷却、接触加水冷却和冷库冷却。

1. 空气冷却

空气冷却分为普通冷却法（空气自然对流式冷却法）、冷藏间冷却法和强制通风式冷却法几种。

(1)普通冷却法。将被冷却的产品堆放在阴凉通风的地方，通过空气自然流动，带去产品的热量达到降温的目的。通常用于采收期气温不太高的秋季，选择地面干燥、温度较低而稳定的室内或树荫下。我国许多农户，将苹果、梨、大白菜等产品采收后，在田间树荫下平地面，四周筑起10厘米左右的土埂，堆垛产品预冷，也有许多在自家的庭院中进行。这种方法简单，但冷却速度慢，多用于传统方法贮藏前的预冷。

(2)冷藏间（预冷间）冷却法。这种方法在国内、外都比较常见，即采后产品经挑拣后，直接入冷库，包装容器多不封口，有时为了加快冷却速度，用空气振动装置加速空气流速，让其在容器及产品表面较快循环。当产品体温降至接近理想温度时，再行封箱、堆垛。有的大型冷库有预冷间，在预冷间预冷完成后，再将产品移入冷库贮藏。

(3)强制通风式冷却。这种方法主要是采用专门的快速冷却装置，通过强制空气高速循环，使产品温度快速降下来。强制通风冷却常采用随道冷却法，即把产品包装箱放在冷却隧道的传送带上，高速冷却风（一般200~400米/分钟）在隧道内循环。这种方法过去在发达国家用得多，目前已不常用了(此法比冷藏间冷却快4倍以上)。

现在用得比较多的是差压通风冷却，又称改良式强制通风式冷却。产品容器一般不封闭，在冷藏间的一侧上部装有气压阀，升高气压，这种高压的空气经过冷却器冷却后迅速进入冷藏间，气流速度可通过调节气流来控制。容器间要有回路；冷空气沿容器间流动，甚至可流经产品表面，因而冷却速度快。为了使冷却操作期间产品失水降低，空气冷却系统装有加湿装置，因此，进入库内的空气是冷却高湿的。空气流经产品后再由库的一侧下部导出，再进入空气冷却系统，如此循环往复。

该方法速度快，是冷藏间冷却法的10倍，一般几个小时就可达到预冷终温。目前在发达国家日本、美国等，多采用此法，但设备成本高。

2. 水冷却

水冷却就是以冷却水作为冷媒，有人工冷却和机械冷却。水比热大，当较低温度的水（0～3℃）与产品充分接触时，就可使产品内部的热量迅速传出而交换给水。水冷却有以下几种方式。

（1）喷淋式。由冷却水槽、传送带、压缩机、水泵及喷水装置组成的冷却机械，多安装于冷却隧道中，冷却水槽中装置的冷却盘管将槽中水的温度控制在0～3℃。将冷却水由泵抽至隧道顶部，产品在隧道内的传送带上移动，冷却水经喷头从上喷淋到产品上。喷头的孔径大小根据产品的耐压能力而不同。使用后的水返回水槽再冷却循环。为防止污染，一定时间后水需更新，有的在水中加入防腐剂。

（2）浸渍式冷却法。过去人工冷却的方法就是将自然冷水盛一大容器中，然后将产品盛于漏空的容器中，连容器一并浸入水中一定时间，提出容器，滤干水即可，速度慢、效率低。

现在的冷却装置是在冷水槽底部设置冷却排管，其上部是输送产品的传送带。将产品盛装在板条箱或塑料周转箱，放入水槽中，经传送带使产品从水槽的一端移动到另一端。冷却槽中的水不断流动循环，将产品的热带走。

3. 真空冷却

即降低环境中空气的压力，使产品表面的水分加速蒸腾而降温。这种方法速度很快，效率高，多用于蔬菜的冷却。一般将产品封闭在环境中，降压至66毫米汞柱，在这种压力下，水在1℃就能蒸腾。这种方法在降温的过程中，会使产品失水，据测定，菜温降低10毫米汞柱失水可达1%。为了克服这一缺陷，目前的真空冷却装置中有喷雾加湿设备，喷雾使产品表面淋湿，蒸发降温时失去的主要是产品表面附着的水。目前这种方法国外运用最多。

4. 接触加水冷却

在现代预冷技术问题之前，曾广泛采用接触加冰，或包装内加冰的方式来冷却果蔬产品。现在这种方法只用作其他方式的补充或辅助，如运输过程中的边冷却边运输。用碎冰块或冰盐混合物（40%水+60%冰+0.01%盐的混合液），载于运输工具的顶部或底部。

5. 冷库冷却

冷库冷却是将园艺产品放在冷库中降温的一种冷却方式。预冷期间，库内要保证足够的湿度，垛之间、包装容器之间都应该留有适当的孔隙，保证气流通过，否则预冷效果不佳。冷库冷却降温速度较慢，但其操作简单，成本低廉。

三、化学药剂处理

目前，化学药剂防腐保鲜处理在国内外已经成为园艺产品商品化不可缺少的一个步骤。化学药剂处理可以延缓园艺产品采后衰老，减少贮藏病害，防治品质劣变，提高保鲜效果。

（一）果蔬的化学药剂处理

处理果蔬的化学药剂有植物生长调节剂和化学药剂两种。

1. 植物生长调节剂处理

常用的植物生长调节剂有生长素类、细胞分裂素类、赤霉素（GA）和青鲜素（MH）。生长素类主要有2,4-D、IAA等，柑橘采摘后用100~250毫克/升的2,4-D处理，可延长贮藏寿命。细胞分裂素常用的有苄基嘌呤（BA）和激动素（KT），用5～20毫克/升的BA处理花椰菜、石刁柏、菠菜等蔬菜，可明显延长它们的货架期。赤霉素能抑制果蔬的呼吸强度，推迟呼吸高峰的到来。青鲜素可以抑制洋葱、萝卜和马铃薯的发芽。

2. 化学药剂防腐处理

常用的化学防腐剂有仲丁胺、苯并咪唑类、山梨酸、异菌脲、联苯、戴挫霉、二溴四氯乙烷、二氧化硫及其盐类。仲丁胺的化学名称为2－氨基丁烷，主要有克霉灵、保果灵、橘腐净等产品，对柑橘、苹果、梨、龙眼、番茄等果蔬的贮藏保鲜具有明显效果。

（二）花卉的化学药剂（保鲜剂）处理

关于处理花卉的化学药剂，现简要介绍如下。

1. 花卉保鲜剂的主要成分和作用

（1）碳水化合物。是切花的主要营养源和能量来源，它能维持离开母体后的切花所有生理和生化过程。外供糖源将参与延长瓶插寿命，起着维持切花细胞中线粒体结构和功能的作用，通过调节蒸腾作用和细胞渗透压促进水分平衡，增加水分吸收。蔗糖是保鲜剂中使用最广泛的碳水化合物之一，果糖和葡萄糖有时也采用。不同的切花种类或同一种类不同品种最适宜保鲜剂中糖的浓度不同。如在花蕾开放液中，石竹最适浓度为10%，而菊花叶片对糖敏感，一般用2%，月季高于1.5%易引起叶片烧伤，最适糖浓度还与处理方法和时间长短有关，一般来说，对一特定切花，保鲜剂处理时间越长，所需糖的浓度越低，因此脉冲液（采后较短时间处理）中的糖浓度高，花蕾开放液浓度中等，而瓶插保持液糖浓度较低。

（2）杀菌剂。在花瓶中生长的微生物种类有细菌、酵母和霉菌，这些微生物大量繁殖后，阻碍花茎导管，影响切花吸水，并产生乙烯和其他有毒物质而加速切花衰老。为了控制微生物生长，保鲜剂中可以加入杀菌剂或与其他成分混用。

（3）乙烯抑制剂。硫代硫酸银（STS）是目前花卉业使用最广泛的最佳乙烯抑制剂，在植物体内有较好的移动性，对花朵内乙烯合成有高效抑制作用，有效地延长多种花卉的瓶插寿命。STS 需随用随配，配好液最好立即使用，如不马上使用应避光保存，它可在 20～30 ℃的黑暗环境中保存 4 天。

（4）生长调节剂。生长调节剂用于花卉保鲜剂中，它们包括人工合成的生长素与植物内源激素。植物生长调节剂可单独使用或与其他成分混合用。它可以引起或抑制植物体内各种生理和生化进程，从而延缓切花的衰老过程。其中，细胞分裂素是最常用的，它主要能抑制乙烯产生，应用时可喷布或浸沾，最适浓度为（10～100）$\times 10^{-6}$，浸 2 分钟即可，如时间过长，也会产生不良后果。香石竹对此处理效果最佳。

（5）生长延缓剂。常用的生长延缓剂有比久（B9）和矮壮素（CCC），B9、CCC 抑制植物伸长，阻止组织中赤霉酸生物合成及其他代谢过程，因此增加了切花对逆境的忍耐性。50×10^{-6}的 CCC 的花瓶保持液（内还含有 8－HQS 和蔗糖）可延长郁金香、香豌豆、紫罗金鱼草和香石竹的瓶插寿命。

2. 切花保鲜剂的种类

（1）预处理液。是一种将采后的鲜切花在储运和瓶插前进行预处理的溶液，也称为脉冲液。使用预处理液的目的是促进花茎的吸水，提供一定的碳水化合物、抑菌及降低储运中的乙烯伤害。

（2）开花液。是指将蕾期采切的花材强制其加速开放的溶液，也称为催花液。这是由于有些鲜切花采切于蕾期，如康乃馨、紫菀、菊花、剑兰等经过贮藏或运输后有必要进行催开处理。

（3）瓶插保鲜液。是指为保持鲜切花花材的瓶插寿命，改善与提高瓶插质量而使用的保鲜剂，一般在零售展示或瓶插观赏时使用。其配方随切花种类而异，主要有糖、有机酸和杀菌剂。

3. 切花保鲜剂处理方法

（1）吸水处理。吸水（或硬化）处理的目的是在鲜切花经过储运后，发生不同程度脱水时，用水分饱和法使萎蔫的鲜切花恢复细胞膨压。具体做法是配制含杀菌剂和柠檬酸的溶液。pH 值控制在4.5～5.0，加入0.01%润湿剂吐温20，加热至38～44℃，装在塑料容器内，溶液深度10～15 厘米。把鲜切花基端在水下斜剪后插入上述溶液中，浸泡数小时，再将其移至冷室中过夜。

（2）茎端浸渗。为防止鲜切花茎端导管被水中微生物生长或花茎自身腐烂引起导管阻塞而吸水困难，可把花茎末端浸入0.1%硝酸银溶液中5～10 分钟。这一处理可显著延长鲜切花的瓶插寿命。由于硝酸银只能在花茎中移动很短的距离，因此，处理后的鲜切花不要再剪截。

（3）脉冲液处理。脉冲液处理是把花茎下端置于含有较高浓度糖和杀菌剂溶液中12～24 小时，目的是为其补充糖分，适应较长时间的贮藏和运输，延长其采后寿命。蔗糖浓度依不同种类而异，一般为2%～4%，如月季、菊花；少数浓度可高达10%，如香石竹、鹤望兰和丝石竹。蔗糖浓度较高时，脉冲处理时间宜短些，否则易对叶片和花瓣造成伤害。

（4）硫代硫酸银（STS）脉冲处理。一些对乙烯敏感的鲜切花，用STS进行脉冲处理后，可有效地抑制切花产生乙烯，对延长采后寿命具有显著作用。具体方法为：先配制好STS溶液，把鲜切花茎端在水下剪切后，插入STS溶液中。一般在20℃温度下处理20 分钟。如鲜切花准备长时间贮藏或远距离运输，STS 溶液中应加糖，并适当延长处理时间。

四、包装

关于园艺产品的包装，现简单介绍一下。

（一）包装的目的

合理的包装是使园艺产品标准化、商品化、安全运输和贮藏的重要措施，包装的作用是保护产品免受机械损伤、水分丧失、环境条件急剧变化和其他有害影响，以便在运输和上市过程中保持产品的质量。

（二）包装的容器

包装容器应该具有美观、清洁、无异味、无有害化学物质，内壁光滑、重量轻、成本低、便于取材、易于回收及处理等。果蔬的主要包装主要有纸箱、木箱、塑料箱、筐类、麻袋和网袋等。切花包装的材料有纤维板箱、木箱、加固胶合板箱、板条箱、纸箱、塑料袋、塑料盘和泡沫箱等，其中纤维板箱是目前运输中使用最广泛的包装材料。

（三）包装的方法

果蔬在包装容器内要有一定的排列形式，既可防止它们在容器内滚动和相互碰撞，又能使产品通风换气，并充分利用容器的空间。

外销果实的包装要求严格，要求包果纸大小一致、清洁、美观，并包成一定的形状，也可用泡沫塑料网套包装后装箱。箱内用纸板间隔，每层排放一定数量的果实，装满后胶带封口或捆扎牢固。果实在箱内的排列形式有直线排列和对角线排列两种，前者方法简单，缺点是底层承受压力大；后者其底层承受压力小，通风透气较好。

五、其他处理

其他处理包括催熟、洗果消毒处理、愈伤、干燥、脱涩和涂膜处理。

（一）催熟

部分果蔬在完成其成长历程后，其营养已充分具备，但在颜色、质地、糖的转化等方面，还未达到食用程度。有时为了抢市场，提高效益，或者运输的安全性在其未完全达生理成熟度之前就进行了采收，这样的产品在其外观上和风味上都未完全具备良好的商品品质。多表现果色青绿、质地坚硬、口感不良、缺乏香气，直接上市不受消费者欢迎，常常在上市前或运输后进行催熟处理。

（二）洗果消毒处理

果实在采收后或在出库选果分级之前，由于果面常附着尘垢、农药等，既影响美观，对人体有害，同时，在生长期间病菌附于果面，有必要清洗。目前，在果品采后处理的大型流水线上，第一道工序就是清洗。在清洗过程中，加入洗果剂，使果面的污渍及病菌能很好地去除。

（三）愈伤

所谓愈伤处理是指产品在受到某种程度的损伤后，给以一定的条件，使其依靠本身的能力自行愈合的过程。园艺产品在收获或其他的采后处理过程中，不可避免地会造成机械损伤，即使是微小的不易发觉的伤口，也会招致微生物的入侵而引起腐烂。部分产品则有伤口自愈的特点。人们利用产品的这种特点，创造其适宜愈合的环境条件，促进其愈合，以抵抗病菌入侵减少腐烂。

(四) 干燥

果蔬收获后含水量很多，组织脆嫩，在运输过程中极易造成机械损伤，有些种类还因含水量高而发生贮藏中的生理病害。因此，对于部分果蔬种类，还需在贮运前进行适当的干燥处理，使之失去适量的水分。例如，柑橘、大白菜、大葱、大蒜等产品种类，就需进行这样的贮前工作。

(五) 脱涩

柿子等的果实含有较多的单宁物质，完熟以前有强烈的涩味而不能使用，因此需要进行脱涩的处理。涩味产生的原因是单宁物质与口舌上的蛋白质结合，使蛋白质凝固，味觉下降所致。单宁存在于果肉细胞中，食用时因细胞破裂流出。脱涩的原理是：涩果通过无氧呼吸产生一些中间产物，如乙醛、丙酮等，它们可以与单宁结合，使其溶解性发生变化，单宁变为不溶性，涩味即可消除。常见的脱涩方法有温水脱涩、石灰水脱涩、高 CO_2 脱涩等。

(六) 涂膜处理

涂膜处理即选用一种有效的涂料涂于平面，在果面形成一层薄膜。

①抑制了果实的气体交换，降低呼吸强度，从而减少营养物质的消耗。

②减少水分的蒸发，保持果实饱满新鲜的外表和较高的硬度。

③由于这层薄膜的保护作用，也可以减少由于病原菌的侵染而造成的腐烂损失，有的在涂料里加入防腐剂，其防腐保鲜的效果更佳。据测定，打蜡果实可以减少失水达30%～50%。

第三节　设施蔬菜的运输和配送中心

园艺产品收获之后，大部分需要运输到消费人口密集的城市。为了调节市场以旺补淡，生产产品的一部分需贮藏保鲜，这些从田间到贮藏场所，从产地到销地都需要进行运输。随着商品生产的发展和经营管理的改善，园艺产品生产也逐步走向了区域化、标准化、优质化。

一、园艺产品运输的要求

园艺产品运输要求快装快运、轻装轻卸、防热防冻。

（一）快装快运

采摘后的园艺产品自然是活的有机体，所不同的是来自母体的给养（水分、养分）断绝了，其生命活动中水分及物质的消耗都是净消耗，没有补充源了，经历的时间越长，体内营养的消耗也就越多，品质变化也就越大。运输是调拨的手段，它的最终目的是在市场销售，贮藏库贮藏。运输过程中的环境条件很难达到理想的状态，特别是气候的变化和路途中的颠簸，难免影响产品的质量，因此，必须尽量缩短运输时间，迅速运达目的地。

（二）轻装轻卸

新鲜园艺产品的装卸不当是引起腐烂损失的一个重要原因，特别是在产地。目前我国大部分仍采用人工装卸，粗暴的操作引起撞、碰、积压等，都会造成机械损伤，因此，要求装卸过程中一定要轻拿轻放。

（三）防热防冻

各种产品都有其适应的温度要求和受冻的临界线。温度过高不仅会加速呼吸代谢，加速衰老，还会促进病害发生，导致腐坏；过低又会造成冻害或冷害。特别是热带、亚热带的冷敏性产品，较低的温度很易造成严重的冷害而丧失商品价值。运输中温度的波动对产品危害也较大。

二、运输的方式和工具

园艺产品的运输方式包括公路、铁路运输、水路运输、空运等。

（一）公路运输

公路运输的工具：一是非机动车，包括畜力车、人力拖车等；二是机动车，包括拖拉机、汽车等。

非机动车的田间运输以短途运输为主，是出售、批发和转运短效果品的主要交通工具。而机动车既可短途运输，亦可长途运输，主要以汽车为主。

（1）冷藏汽车在每一辆卡车底盘上装上隔热良好的车厢，容量 4～8 吨不等，车厢外装有机械制冷设备，以维持车厢内低温条件，也可在车厢内加冰冷却。

（2）冷藏拖车一般为 12～16 米长单独的隔热车厢，装有机械制冷设备，装载货物后，由机动车牵引运输（可分离冷藏车）。

置于火车上运输。可从产地包装场装货，经公路、铁路运输至销地，在批发点进行批发或直接送经营销售场所，减少果品的翻搬，避免机械损伤。果品经营温度变化小，对保持果品品质十分有利。

（二）铁路运输

铁路运输有运输量大、速度快和运费低的优点。我国现阶段在铁路运输中，大多采用无温度调节的普通棚车或敞车进行，这对保持果品的品质极为不利。冷藏运输虽有发展，但运输还不能满足要求。

铁路冷藏运输的形式如下。

(1) 冰冷藏。冰藏车厢是绝缘的载货车厢，有两种类型：一种是将其分隔出一个或数个隔间，于车厢的两端在隔间内装上冰，在冰中掺进一定比例的盐，可使温度较快速地降低，可降到 -6 ~ -10℃的低温，这种形式在过去用得较多，目前已逐渐被淘汰。它的缺点是载冰量少，降温效能低，车厢内温度分布不均匀。另一种是在车厢顶端装设多个冰舱，每个冰舱内容纳冰量多，故效果优于前者，它可维持车厢中的温度在 -8 ~ -10℃的低温，并且温度比较一致。

(2) 机械冷藏。机械保温冷藏车是一先进的冷藏运输设备，世界上许多发达国家早已采用这种运输形式。

(三) 水路运输

水路运输主要为木船、机械船、江河、海上的大轮船等。水运速度慢，但装载量大且运价低廉，我国采用较多，大多为内河运输。

由于船、艇不是专为果品运输而设计，属多类综合使用的交通工具，因此用船艇运输果品时，必须注意以下几点。

①清洗船舱，防止有毒、有刺激性的异味污染果面。

②堆放要平稳。

③做好防晒、防淋工作。

④注意通风，防止闷热。

海上运输多为苹果、柑橘和香蕉、大白菜、蒜薹、辣椒、洋葱等，在国际上尤以香蕉为多。香蕉运输几乎都使用冷藏船，保藏温度大约是 13℃，通过空气流通，能更新空气，避免乙烯的积累。现代集装箱运输的发展，不需专门的冷藏船就可直接装载集装箱。这种集装箱制冷货船的船舱不保温，而是各个集装箱自身制冷。这样，在同一条船上，可以装运几种不同运输温度的货物。

水果、蔬菜的国际贸易，大多靠海上运输，上百万吨的新鲜果蔬，装载于冷藏船或集装制冷货船上越洋过海，给人们带来巨大的经济效益或营养利益。

冷藏船的设备如下。

①绝缘。全部冷藏船主要构造的边界绝缘，并能抵抗水汽或冰，需在绝缘体的每一边防湿。

②冷藏设备。冷藏船的冷冻系统包括一个中央引擎室，在该室内置有电力压缩机、冷凝器、控制器等，压缩机为往复式，制冷剂为氟利昂 11 和氟利昂 12。

（四）空运

空中运输速度快，损失少，果品质量好，但运价高。一般用于高度易腐的产品或当市场上严重缺乏某种特殊水果，或某种非季节性水果涨到额外的高价时才采用空运。正常的情况下，一般不采用空中运输。

空运的产品多经仔细挑选，质量管理严格，包装适当，产品收获后 2 ~4 天即可上市，如草莓、桃、葡萄、樱桃、无花果、鲜切花、菠萝等常用空运形式。

空运水果一般使用巨型货机运输。在欧洲、北美一些国家使用空运果蔬的飞机大多运输净重为 45 吨左右。

（五）冷链运输

各类园艺产品在低温的条件下有利于品质的保存和病害的控制。为了在运输途中尽可能减低品质的变化，使产品到达市场和消费者手中时仍具优良的品质，在采后的一系列处理（流通、贮藏、销售）中始终处于适宜的低温条件下，这种采后低温冷藏技术连贯的体系被称为冷链系统。

三、运输的注意事项

在运输过程中，果蔬和花卉都有自己不同的注意事项。

（一）果蔬运输

运输工具要彻底消毒，果蔬要合乎运输标准，快装快运，堆码稳当，注意通风，避免挤压，不同种类的果蔬最好不要混装。敞蓬车船运输，果蔬堆上应覆盖防水布，最好使用冷链系统，最大限度地保持果蔬品质。

（二）花运输

运输前后要进行化学处理，对灰霉病敏感的切花应在采前和采后立即喷施杀菌剂，以防止该病在运输过程中发生。切花应无虫害和蛾类，如果切花上有虫害，可用内吸式杀虫剂和杀螨剂处理。运输前要用含有糖、杀菌剂、抗乙烯剂和生长调节剂的保鲜剂作短时脉冲处理，这样对于包装运输的切花有很大的益处，尤其是在长途横跨大陆或越洋运输之前。要保证远距离、长时间运输的切花有良好的上市质量，需采用切花吸水硬化、冷却和包装与运输方面的现代技术。

第七章　设施蔬菜的经营与管理

第一节　设施蔬菜产业相关政策法规

蔬菜生产与农产品质量息息相关，同时在预防和控制病、虫、草、鼠及其他有害生物对农业生产危害的过程中，经常与农药等有毒化学物品打交道，因此世界各国政府，都对由此而来的对人、畜危害及环境保护、安全生产等问题十分重视，制定相应的法律法规来规范其活动。我国历届政府也十分重视其相关活动法律法规工作的制定，并从国情出发，相继制定、修改和完善了多项法律法规，取得了很大成效，对推进农业生产的发展和提高产品质量起到了非常积极的作用。

下面介绍与蔬菜生产有关的法律法规的名称及重点内容(详细内容请参考相关书籍)。

(一)《中华人民共和国农业法》

1993 年 7 月全国人大常委会通过，2002 年修订。明文规定“禁止生产和销售国家明令淘汰的农药、兽药、饲料添加剂、农业机械等农业生产资料”，“各级农业行政主管部门应当引导农业生产经营组织采取生物措施或者使用高效低毒低残留农药、兽药，防治动植物病、虫、杂草、鼠害。”

(二)《中华人民共和国种子法》

2000 年全国人大常委会通过。第 48 条从事品种选育和种子生产、经营以及管理的单位和个人应当遵守有关植物检疫法律、行政法规的规定，防止植物危险性病、虫、杂草及其他有害生物的传播和蔓延。禁止任何单位和个人在种子生产基地从事病虫害接种试验。

（三）《中华人民共和国经济合同法》

1999年全国人大通过。在市场经济条件下，经济合同是经常遇到的事情，如承包合同、雇工合同、买卖合同等，了解和运用合同法，就能保护当事人的合法利益，在出现矛盾和纠纷时就有法可依，使我们的经济活动有序地运行。

（四）《植物检疫条例》

1992年经修订发布。《植物检疫条例》规定，凡是种子、苗木和其他繁殖材料，不论是否列入应实施检疫的植物、植物产品名单和运往何地，在调运之前，都必须经过检疫。

（五）《农药管理条例》

1997年由国务院发布，2001年修订。内容包括农药登记、农药生产、农药经营、农药监督和农药使用等八章四十九条。本条例的制定主要为了加强对农药生产、经营和使用的监督管理，保证农药质量，保护农业、林业生产和生态环境，维护人畜安全。该条例贯穿了农药生产、经营和使用的全过程的管理，同时也规范了农作物植保员在从事本职业活动中的行为，特别是第二章农药登记、第四章农药经营和第五章农药使用章节中所制定的条款是农作物植保员应熟知、深入理解和掌握的重要法规条款。《农药管理条例》的第六章和第七章比较明确的规定了人们在与农药打交道的各个环节中不允许做的事情和相关的罚则，并明确指出了两种假农药和3种劣质农药的范围。

（六）《中华人民共和国农业法》

《中华人民共和国农业法》是1993年7月2日第八届全国

人民代表大会常务委员会第二次会议通过，2002 年 12 月 28 日第九届全国人民代表大会常务委员会第三十一次会议修订。

(七)《中华人民共和国种子法》

《中华人民共和国种子法》是2000 年 7 月 8 日第九届全国人民代表大会常务委员会第十六次会议通过的。

(八)《中华人民共和国产品质量法》

1993 年 2 月 22 日第七届全国人民代表大会常务委员会第三十次会议通过，并根据 2000 年 7 月 8 日第九届全国人民代表大会常务委员会第十六次会议《关于修改〈中华人民共和国产品质量法〉的决定》修正后执行。

第二节　设施蔬菜生产成本核算方法

一、设施蔬菜成本核算

蔬菜种植不光讲收成，更要核算成本，以求得能够产生大的经济效益。成本是一种资产价值，是商品经济的产物，它是以货币表现的商品生产中活劳动和物化劳动的耗费。商品生产过程中，生产某种产品所耗费的全部社会劳动分为物化劳动和活劳动两部分，物化劳动是指生产过程中所耗费的各种生产资料，如种子、农药、化肥等；活劳动是指生产过程中所耗费的生产者的劳动。在商品经济条件下，商品价值（W）表现为消耗劳动对象和劳动工具等物化劳动的价值（C），劳动者为自己创造的价值，即活劳动消耗中的必要劳动部分所创造的价值（V）和活劳动消耗中剩余劳动部分为社会所创造的价值（M）。用公式表示为 $W = C + V - M$，其中即物化劳动和活劳动消耗两部分是形成产品生产成本的基础。物化劳动和活劳动是形成产品生产成本的基础，对于一个生产单位来说如种植户、农场及各种企业等，在一定时期内生产一定数量的产品所支付的全部生产费用，就是产品的生产成本。

（一）蔬菜生产成本核算的原始记录

主要是用工记录、材料消耗记录、机械作业记录、运输费用记录、管理费用记录、产品产量记录、销售记录等。此外，还需对蔬菜生产中的物质消耗和人工消耗进行必要的定额制度，以便控制生产耗费，如人工、机械等作业定额，种子、化肥、农药、燃料等原材料消耗定额，小农具购置费、修理费、管理费等费用定额。

（二）蔬菜生产中物质费用的核算

（1）种子费。外购种子或调换的良种按实际支出金额计算，自产留用的种子按中等收购价格计算。

（2）肥料费。商品化肥或外购农家肥按购买价加运杂费计价，种植的绿肥按其种子和肥料消耗费计价，自备农家肥按规定的分等级单价和实际施用量计算。

（3）农药费。按照蔬菜生产过程中实际使用量计价。

（4）设施费。设施蔬菜种植使用的大棚、中小拱棚、棚膜、地膜、防虫网、遮阳网等设施，根据实际使用情况计价。对于使用多年的大棚、防虫网、遮阳网等设施要进行折旧，一次性的地膜等可以一次计算。折旧费可按以下公式计算。

折旧费 = （物品的原值 - 物品的残值） × （本种植项目使用年限/折旧年限）

（5）机械作业费。雇请别人操作或租用农机具作业的按所支付的金额计算。如用自备农机具作业的，应按实际支付的油料费、修理费、机器折旧费等费用，折算出每平方米支付金额，再按蔬菜面积计入成本。

（6）排灌作业费。按蔬菜实际排灌的面积、次数和实际收费金额计算。

(7) 畜力作业费。使用了牛等进行耕耙，应按实际支出费用计算。

(8) 管理费和其他支出。是种植户为组织与管理蔬菜生产而支出的费用，如差旅费、邮电费、调研费、办公用品费等。承包费也应列入管理费核算。其他支出如运输费用、货款利息、包装费用、租金支出、建造栽培设施费用等也要如实入账登记。

物质费用 = 种子费 + 肥料费 + 农药费 + 设施费 + 机械作业费 + 排灌作业费 + 畜力作业费 + 管理费 + 其他支出

(三) 蔬菜生产中人工费用的核算

我国的设施蔬菜生产仍是劳动密集型产业，以手工劳动为主，因此，雇用工人费用在蔬菜产品的成本中占有较大比重。人工消耗折算成货币比较复杂，种植户可视实际情况计算雇工人员的工资支出，同时也要把自己的人工消耗计算进去。

(四) 蔬菜产品的成本核算

核算成本首先要计算出某种蔬菜的生产总成本，在此基础上计算出该种蔬菜的单位面积成本和单位质量成本。生产某种蔬菜所消耗掉的物质费用加上人工费用，就是某种蔬菜的生产总成本。如果某种蔬菜的副产品（如瓜果皮、茎叶）具有一定的经济价值时，计算蔬菜主产品（如食用器官）的单位质量成本时，要把副产品的价值从生产总成本中扣除。

生产总成本 = 物质费用 + 人工费用

单位面积成本 = 生产总成本/种植面积

单位质量成本 = （生产总成本 - 副产品的价值）/总产量

为搞好成本核算，蔬菜种植者应在做好生产经营档案的基础上，把种植过程中发生的各项成本详细计入，并养成良好的习惯，为以后设施蔬菜生产管理提供借鉴经验。

二、设施蔬菜收入核算

设施蔬菜栽培主要有春提早栽培、秋延后栽培及越冬栽培、越夏栽培等形式，经济效益显著高于露地生产，设施蔬菜收入主要是指单位时间内种植蔬菜所能够产生的所有经济收入，它与单位时间内所种植的蔬菜作物种类、品种以及茬次有关，同时，设施蔬菜收入也与蔬菜市场供求关系有关。

三、设施蔬菜经济效益核算

设施蔬菜种植要想获得较高经济效益，首先应当了解蔬菜效益的构成因素和各因素之间的相互关系，蔬菜效益构成因素一般由蔬菜产量、市场价格、成本、费用和损耗五个因素构成。各因素之间的关系可以用关系式表示：蔬菜效益 =（蔬菜产量 - 损耗）×蔬菜售价 - 成本 - 费用。总的效益除以种植面积就可以算出单位面积的效益。效益分析的另外一个因素就是产出比，其关系是：投入产出比 = 成本/蔬菜效益，产出比可以反映出设施蔬菜生产的经济效益状况。

1. 种植产量估算

包括市场销售部分、食用部分、留种部分、机械损伤部分四个方面。

2. 产品价格估算

产品价格估算比较容易出现误差。产品价格受到市场供求关系的制约，另一方面蔬菜商品档次不同，价格也不同。产品价格估算要根据自己生产销售和市场的情况，估算出一个尽量准确的平均价格。

3. 成本的构成和核算

蔬菜种植中的主要成本，包括种子投入、农药肥料投入、土地投入、大棚农膜设施投入、水电投入等物质费用和人工活劳动力的投入。成本核算时要全面考虑，才能比较准确地估算。

4. 费用估算

费用估算是指在蔬菜生产经营活动中发生的一些费用，如信息费、通讯费、运输费、包装费、储藏费等均应计入成本。

5. 损耗的估算

损耗的估算主要指蔬菜采收、销售和储藏过程中发生的损耗，不能忽略损耗对效益的影响。

第三节　设施蔬菜营销

一、产品决策

（一）产品策略

蔬菜产品主要包括3个层次。

①核心产品，指消费者所追求的来自蔬菜产品的消费利益。

②有形产品，指蔬菜产品的实体外观，包括蔬菜产品的形态、质量、特征、品牌和包装等。

③附加服务和利益。如蔬菜产品买方信贷、免费送货、质量与信用保证等。在蔬采产品营销策略方面，主要体现在以下几方面。

1. 蔬菜产品组合与品牌策略

蔬菜产品组合指蔬菜产品的各种花色品种的集合。蔬菜产品组合决策受到资源条件、蔬菜产品市场需求以及竞争程度的限制。一般而农户受资金与技术限制，适宜专业化生产，这种专业化往往与蔬菜产品基地建设和地区专业化相一致。蔬菜产品品牌策略包括以下几个方面。

①品牌化策略，即是否使用品牌。蔬菜产品可以根据有关权威部门制定的统一标准划分质量等级，分级定价，同一等级的蔬菜可视作同质产品。

②品牌负责人决策，农业生产者可以拥有自己的品牌，也可使用中间商的品牌，也可两者兼用。在品牌决策与管理过程中，一是要有一个好的品牌名称和醒目易识的品牌标志，二是要提高商标意识，提高品牌质量，注重品牌保护。

③加强品牌推广和扩展，树立品牌形象，提高品牌知名度和品牌认知度。

2. 蔬菜产品包装策略

蔬菜产品包装可分为运输包装和销售包装，前者便于装卸和运输，后者便于消费。包装材料、技术、方法视不同蔬菜产品而定。蔬菜产品销售包装在实用基础上还要注意造型与装饰，可以突出企业形象，也可以突出蔬菜产品本身，展示蔬菜产品的功用与优势，也可赋予农产品包装文化内涵等。

3. 蔬菜产品开发策略

主要是对原有蔬菜产品的改良、换代以及创新，旨在满足市场需求变化，提高蔬菜产品竞争力。

①创新蔬菜产品。指新物品发现后成功市场化的蔬菜产品。

②改良蔬菜产品。是对原有蔬菜产品的改进和换代。通过育种等手段可改变农作物性状，进而改变蔬菜产品品质。

③仿制蔬菜产品。主要是引种、引进利用他人创新或改良的蔬菜产品。

（二）价格策略

蔬菜产品目标市场和市场定位决定蔬菜产品价格的高低，

面对高收入人群的高档蔬菜产品价格就高些；若蔬菜产品经营组织追求较高利润，价格也会高些；若为了提高蔬菜产品市场份额和生存竞争，蔬菜产品价格会低些。选定最后价格时，还应考虑到声望心理因素、价格折扣策略、市场反应、政府的蔬菜产品价格政策。随着蔬菜产品市场变化，蔬菜产品价格还应适时调整。蔬菜产品生产过剩或市场份额下降应当削价，超额需求和发生通货膨胀时应适当提价。

（三）分销策略

蔬菜产品分销渠道指把蔬菜产品从生产者流转到消费者所经过的环节，蔬菜产品可由生产商直接销售给消费者，即直接营销渠道，或经农业销售专业组织和中间商的间接营销渠道。蔬菜产品不易保存，应尽可能直销。农产品分销渠道可以选择密集分销策略、选择分销策略或独家分销策略。在渠道的选择上，不仅可以走专业、专营的道路，还可以与相关渠道进行合作与互补。

（四）全面质量管理策略

随着“无公害食品行动计划”的深入开展，现在食用无公害蔬菜已成为一种新的消费潮流。人们将更加注重生活保健，吃营养、食保健、回归自然、返璞归真是人类发展的必然。未来的几年内，谁能搞好安全无公害蔬菜营销，谁就能在激烈的市场竞争中占据主动。

（1）优质、新鲜。人们冬季吃青菜、淡季吃鲜菜早已不是什么新鲜事。因此，像白菜、萝卜等抗高温型反季节优质蔬菜，韭菜、黄瓜等多季型优质蔬菜品种的发展，不仅丰富了人们的菜篮子，还使农民尝到了高产、高效、热销的甜头。

（2）具有观赏价值。随着人们消费观念的逐渐变化，人们对果蔬越来越挑剔，不仅要好吃，还要美观。

（五）产品包装标准化

通过包装增值，提高蔬菜产品的包装可以增强市场竞争力。

总之，蔬菜产品营销需要在产品、渠道、价格、发展战略等方面创新，塑造差异，将蔬菜产品与服务有机结合起来，实现全面质量管理，提升蔬菜产品的附加值。

二、价格制定

公道的价格有时可以决定一件商品销售的好与坏，严重时可能影响商品整个销售业绩。如何把商品的价格制定得更加公道，在保持利润额的情况下，尽可能接近和满足顾客对商品的价格需求，已成为商家越来越重视的问题。影响价格最终形成的因素有很多，除了产品成本、竞争品分析、目标消费者分析以及需求确定等因素以外，还要考虑营销战略、企业目标、政府影响和品牌溢价能力等因素。

三、促销

销售对路的产品是设施蔬菜营销企业扩大销售的前提，合适的定价方式是设施蔬菜营销企业扩大销售的基本条件，合理的促销则是设施蔬菜企业扩大销售的必要手段。

（一）促销与促销组合

1. 促销与促销组合的概念

促销，顾名思义指促进销售，是指企业通过人为和非人为的方式将企业产品的特点及所能提供的服务信息传递给顾客，激发顾客的购买欲望，影响并促成顾客购买行为的全部活动的总称。促销是企业市场营销组合的重要组成部分，它可以帮助促销者树立良好的企业形象。促销组合指企业特定时期根据促销的需要，对广告、推销人员、营业推广等各种促销手段进行适当选择和综合运用，共同促进某一产品销售的方法。

2. 促销的作用与原则

促销的作用是为了促进消费者了解、信赖并购买本企业产品，21 世纪是一个数字化、信息化的时代，传统的“酒香不怕巷子深”的营销方式，在当今这个时代已经不适用了，无论是精美的商品，还是优良的服务，都必须通过宣传促销让消费者充分了解，才能达到增加销售量的目的。一个良好的促销计划对实现营销目标非常重要。促销具体有以下几方面的作用。

（1）沟通信息。消除生产经营者和消费者之间的时空矛盾我国地域广袤独特，造就了许多特色鲜明的设施蔬菜产品，同时也形成了产、销、消之间的时空矛盾，生产者有好的产品却因为消息闭塞而找不到好的销路，而中间商和消费者又因为不知道哪里有卖这样的商品而不能满足自身的需要。

（2）刺激需求。开拓市场，扩大销售一般商品需求都是有弹性的，需求不但可以诱发、创造，还可以抑制、减少。有效的促销方式在一定条件不仅可以诱导激发需求，而且还可以创造需求。既可以在某种因素的作用下扩大需求，也可以因某种原因导致需求的减少。

（3）可突出园艺产品生产经营者的经营特色和产品特色。在激烈的市场竞争中，很少有处于垄断地位的园艺生产经营者，独一无二的园艺产品也很少，在这种情况下通过有效的促销活动，可以树立良好的企业形象，突出自身企业的经营特色和园艺产品特点，通过购买本企业产品可以给中间商或消费者带来的特殊利益，扩大知名度，从而使顾客对本企业及本企业产品产生青睐，树立重复购买本企业产品的信心。即使在市场衰退、销售下降的情况下，通过促销也可以稳定顾客群体，达到让更多的人购买本企业园艺产品的目的，使销量回升。促销的原则是：要恰当采用促销方式，实事求是地把商品和服务信息传递给顾客，促销过程中不能通过贬低竞争对手的方式来提升自己。促销是一个渐进的过程，只有消费者了解并信赖这个产品，才有可能购买。

（二）促销方式

广告促销、人员销售、营业推广、公共关系促销是园艺企业促销组合的四大要素，其中，广告促销是应用范围最广、应用频率最高的促销方式。

1. 广告促销

（1）广告的概念。广告是指商品经营者或者服务提供者，通过一定媒介直接或间接地介绍自己所推销的商品或所提供的服务或观念，属非人员促销方式。

（2）广告促销的特点。

①信息性。通过广告可以使消费者了解某类产品的信息。消费者在没有购买之前对产品有了一定的了解，这样对缩短打开市场的时间非常有利。

②说服性。广告是人员推销的补充，人员在进行推销时如果先有广告做基础，可加快顾客购买速度，坚定顾客购买的决心。随着时间的流逝，顾客可能对企业及企业产品渐渐淡忘，广告还可以起到刺激顾客记忆的目的，说服其购买。

③广告信息传播的群体性。广告不是针对某一个人或某一个企业而设计，而是针对某一个受大众群体设计的。同时，由于广告是利用某种媒介发布，所以广告的接受者一定是群体而不是个体。

④效果显著性。随着人们生活水平的提高，尤其是电视机的普及，人们接触宣传媒体的机会增多，速度加快，一则好的

广告会迅速被消费者熟悉并传播开来。

(3) 广告宣传的原则。

①真实性原则。我国广告法对广告活动提出了应当真实合法、符合社会主义精神文明建设的要求，并特别提出，广告不得含有欺骗和误导消费者的内容。广告的生命在于真实，进行广告宣传时必须真实地向消费者介绍产品，不可夸大其辞误导消费者。例如，某些蔬菜或水果具有一定的食疗价值，但在广告中一定不能说成是具有治疗作用。

②效益性原则。设计、制作、发布广告之前必须要做好市场调查，有些广告媒介费用很高，要根据宣传的目标、规模、任务、市场通盘考虑，从实际出发，节约成本，以最少的广告费用，取得最大的效益。

③艺术性原则。广告内容往往通过艺术形式表现出来，无论是电视广告、印刷广告、广播广告或其他广告，都分别通过美的语言、美的画面、美的环境将广告意念全方位地烘托出来。要处理好真实性和艺术性的关系，艺术形式不得违背真实性原则，要运用新的科学技术，精心设计广告，要给人以美感。

2. 人员销售

人员销售是为了达成交易，通过用口头介绍的方式，向一个或多个潜在顾客进行面对面的营销通报。这是一种传统的推销方式，人员销售与其他促销方式相比优点十分显著，所以至今仍是营销企业广泛采用的一种促销方式。

人员销售有以下优势。

(1) 灵活、针对性强。销售人员直接与顾客接触，针对各类顾客的特殊需要，设计具体的推销策略并随时加以调整，及时发现和开拓顾客的潜在需求。对顾客提出的问题要及时解答，消除顾客的顾虑，促成其购买行为。

（2）感召顾客、说服力强。满足顾客需要，为顾客服务是实现产品销售的关键环节。销售人员直接与顾客接触，通过察言观色的方法准确了解顾客心理，从顾客根本利益出发，为顾客解决困难，提供优质服务，从而与顾客之间建立起一定的感情，使顾客产生信任感，最终促成销售。

（3）过程完整，竞争力强。人员销售是从选择目标市场开始，通过对顾客需求的了解，当面介绍产品的特点，如蔬菜可品尝，可观、闻；也可通过提供各种服务，说服顾客购买，最后促成交易。随着过程的终结，也就实现了销售行为。人员销售的这一特点是任何促销方式所不具备的。

3. 营业推广

营业推广是企业为了刺激中间商或消费者购买园艺产品，利用某些活动或采用特殊手段进行非营业性的经营行为。根据营业推广的对象不同，可分为面向中间商的营业推广和面向消费者的推广两种。

（1）营业推广的几种具体形式。

①折价、差价销售。折价是根据购买数量、购买时间、是否现金结算、运费承担、责任等在商品原价格基础上打一个折扣，这和残次商品的削价处理不同。例如，蔬菜上午因为货品新鲜按正常定价销售，晚上由于损失一部分水分而使感观质量下降，这种情况下，可在原价格基础上适当打折销售。再如，中间商往往是大宗购买，可以按批量实行批量差价，这样做一方面可以鼓励中间商多进货，另一方面也可以稳定老客户，同时发展新客户。季节差价也是常用的差价依据。

②附赠品销售。是指以较低的代价或向购买者免费提供某一物品，以刺激购买者购买某一特定产品的销售行为。例如，某一消费者购买蔬菜种子，附赠一定数量的肥料，或附赠另外

一种商品。

③其他形式。如召开产品推介会，举办园艺产品专门的活动节、推介会等。请购买者自采自摘也是目前兴起的一种新的营业推广形式。某些大型的无公害果蔬生产基地通过邀请中间商或目标市场消费者到生产基地、加工厂地参观，从而提高其产品的声誉和知名度，以此达到宣传产品、推广企业产品的目的。

（2）营业推广的特点。

①刺激购买见效快。由于营业推广是通过特殊活动提供给顾客一个特殊的购买机会，使购买者感觉到这是购买产品的绝好时机，此时顾客的购买决策最为果断，因此促销见效快。

②营业推广的应用范围有一定局限性。营业推广只适用于一定时期、一定产品，因而推广的形式要慎重选择。不同的园艺产品要选用不同的营业推广方式。选择不当的方式不但起不到促销作用，还会给购买者造成误会，从而导致对本企业及企业产品的负面影响。

4. 公共关系促销

公共关系促销是通过大众媒体，以新闻报道形式来发布所要推广的园艺产品的信息，或以参加公益活动的形式间接展示企业及企业产品的促销方式，是一种非人员促销。公共关系促销具有对公众影响的广泛性和促销成效的连带性。由于新闻报道的客观性，购买者会对被报道的企业及产品有特别的信任感并产生购买积极性。公共关系促销主要是从正面宣传，不仅宣传了产品，而且提高了企业形象及产品地域的知名度。但是公共关系促销要特别遵循真实性原则，公关的基本前提，要以事实为基础，据实、客观、公正地提供信息。

公关活动的形式可以多样：

①开展公益性活动。可通过赞助和支持体育、文化教育、

社会福利等公益活动树立企业形象。

②组织专题公关活动。园艺企业可通过组织或举办新闻发布会、展览会、庆典、联谊会、开放参观等专题活动介绍企业情况，推销商品，沟通感情。例如，某一公司开业或举办庆典活动时，园艺产品营销者可利用自己产品的优势免费承担布置装点会场的任务。

参考文献

安志信，鞠珮华，张鹤. 图说蔬菜育苗技术［M］. 北京：中国农业出版社，2001.

陈国元. 园艺设施［M］. 苏州：苏州大学出版社，2009.

段敬杰. 瓜果菜嫁接与高效栽培［M］. 郑州：河南科学技术出版社，2003.

葛红英，江胜德. 穴盘种苗生产［M］. 北京：中国林业出版社，2003.

韩世栋. 蔬菜栽培［M］. 北京：中国农业出版社，2001.

韩世栋. 蔬菜生产技术（高职）［M］. 北京：中国农业出版社，2006.

胡繁荣. 设施园艺学［M］. 上海：上海交通大学出版社，2003.

黄裕蜀. 南方蔬菜保护地栽培技术［M］. 成都：天地出版社，2007.

李式军，郭世荣. 设施园艺学（第二版）［M］. 北京：中国农业出版社，2011.

李天来，等. 棚室蔬菜栽培技术图解［M］. 沈阳：辽宁科学技术出版社，1999.